全域旅游

QUAN YU LV YOU

● 何顺林 著

中国农业科学技术出版社

图书在版编目(CIP)数据

全域旅游/何顺林著. — 北京：中国农业科学技术出版社，2019.5（2023.2重印）
ISBN 978-7-5116-4160-1

Ⅰ.①全… Ⅱ.①何… Ⅲ.①旅游业发展—研究—中国 Ⅳ.① F592.3

中国版本图书馆 CIP 数据核字（2019）第 078329 号

责任编辑 白姗姗
责任校对 马广洋

出 版 者	中国农业科学技术出版社
	北京市中关村南大街 12 号　邮编：100081
电　　话	（010）82106638（编辑室）（010）82109702（发行部）
	（010）82109709（读者服务部）
传　　真	（010）82106650
网　　址	http://www.castp.cn
经 销 者	各地新华书店
印 刷 者	北京捷迅佳彩印刷有限公司
开　　本	850mm×1 168mm　1/32
印　　张	7.625
字　　数	242 千字
版　　次	2019 年 5 月第 1 版　2023 年 2 月第 2 次印刷
定　　价	35.00 元

◆版权所有·侵权必究◆

前　言

随着国民休闲时代的到来，旅游业日益成为国民经济中重要的战略性支柱产业。国务院下发的"十三五"旅游业发展规划中，明确指出"十三五"期间我国旅游业的发展将呈现出消费大众化、需求品质化、竞争国际化、发展全域化、产业现代化的发展趋势，提出到2020年我国旅游市场总规模达到67亿人次、总投资额2万亿元、旅游业总收入达到7万亿元的宏伟目标。可以预见，未来我国旅游产业的发展大有可为。

当前，我国旅游业不仅在产业发展实践中走在世界前列，在旅游发展理论研究方面也展开了积极探索，取得了丰富的成果。在硕果累累的研究中，"全域旅游"这一提法的横空出世，给我国旅游产业的发展指引了全新的发展方向，为我国旅游事业的发展开辟了全新的格局。这一提法自诞生之日起，就爆发出蓬勃的生命力，引起了学界、业界和管理部门的高度重视，在理论和实践中纷纷展开了广泛探索。经过数年的发展，"全域旅游"这一术语已近乎家喻户晓，全域旅游的落地实践也在全国很多地区如火如荼地开展起来。

然而，时至今日，对于什么是全域旅游、如何发展全域旅游等基础理论性问题的回答，在理论界仍然众说纷纭、莫衷一是。虽然各位专家纷纷发表论文对全域旅游的相关侧面进行了各自的阐述，但由于系统性研究不足，仍然难以一窥全域旅游的全貌。因此，著者希望对各位专家的研究成果进行归总，并结合已有的产业实践，对全域旅游的理论进行大致梳理，向普通研究者和初次接触全域旅游的群体提供一个全域旅游的总体印象。

为此，著者与重庆工商大学派斯学院管理学院旅游教研室的全体教师一起，对已有的全域旅游研究成果进行了广泛搜集；先后参加马勇、邓爱民教授等专家召集的"全域旅游发展高峰论坛"和相关学术会议，聆听各位专家的亲身宣讲；对林峰博士及其团队关于全域旅游的研究进行了认真学习和深刻领会；对邓爱民教授的《全域旅游理论·方法·实践》一书进行了认真拜读；对全国开展全域旅游实践的地区进行了观察与了解。在此基础上，著者广泛吸收了李金早、厉新建、石培华、杨振之、汤少忠等人的研究成果，将传统旅游发展模式中的理论与全域旅游发展实践进行创新结合，力争在全域旅游的理论研究方面有所突破。

全书分为七章，分别为导论、全域旅游基础理论、全域旅游规划、全域旅游的系统整合、全域旅游开发、自主旅游时代下的全域旅游创新、全域旅游下的跨区协作和环保事项。从全域旅游的基础理论谈起，逐步深入研究其规划开发等实践性发展问题，结合时代特色阐释了自主旅游时代下的全域旅游如何创新，并对跨区域协作及生态环保问题等进行了简单阐述。

在本书的写作中，理论方面受到了林峰、邓爱民、李金早、石培华等前辈专家的主要影响，在此对各位专家的基础性贡献表示深深的谢意！在具体写作中，得到了重庆工商大学派斯学院管理学院各位同仁的帮助和支持，得到派斯学院旅游管理专业学生的校稿帮助，在此对各位的帮助表示谢意！

由于全域旅游的理论比较新，著者的实践经验和理论水平有限，书中理论可能存在谬误、疏漏之处，敬请各位读者批评指正！深表感谢！

著 者

目 录

第一章 导 论 ……………………………………………… 1
  第一节 全域旅游在我国的发展实践 ………………………… 2
  第二节 全域旅游理论的国内外研究概况 …………………… 14

第二章 全域旅游基础理论 …………………………………… 22
  第一节 全域旅游的概念 ……………………………………… 22
  第二节 全域旅游的核心 ……………………………………… 27
  第三节 全域旅游的内容 ……………………………………… 38
  第四节 全域旅游的特征 ……………………………………… 50
  第五节 全域旅游的评价 ……………………………………… 58

第三章 全域旅游规划 ………………………………………… 71
  第一节 全域旅游规划的理念创新 …………………………… 71
  第二节 全域旅游规划的原则 ………………………………… 84
  第三节 全域旅游规划的内容和程序 ………………………… 90
  第四节 全域旅游规划的基本类型 …………………………… 101
  第五节 全域旅游规划的项目建设 …………………………… 110

第四章 全域旅游的系统整合 ………………………………… 121
  第一节 全域要素整合 ………………………………………… 121
  第二节 全域空间整合 ………………………………………… 123
  第三节 全域时间整合 ………………………………………… 128
  第四节 "旅游+"：泛旅游产业整合 ………………………… 133
  第五节 全域数据整合 ………………………………………… 137

第五章　全域旅游开发 ········· 140
第一节　综合型全域旅游开发 ········· 140
第二节　景区依托型全域旅游开发 ········· 149
第三节　都市功能区依托型全域旅游开发 ········· 156
第四节　特色城镇、美丽乡村依托型全域旅游的开发 ··· 163
第五节　特色产业依托型全域旅游开发 ········· 173
第六节　生态功能区依托型全域旅游开发 ········· 180

第六章　自主旅游时代下的全域旅游创新 ········· 190
第一节　自主旅游时代的创新趋势 ········· 190
第二节　自主旅游时代下的全域旅游创新 ········· 202

第七章　全域旅游下的跨区协作和环保事项 ········· 219
第一节　全域旅游跨区协作 ········· 219
第二节　全域旅游环保事项 ········· 226

主要参考文献 ········· 236

第一章 导论

旅游活动自古有之，旅游产业也已经存在了近200年，但从来没有哪个时代，能像当今世纪的旅游这样在人们的生活中如此不可或缺，并广泛影响全社会发展的各个方面。这一方面是因为随着时代的发展，人们可自由支配收入水平不断增长、闲暇时间不断增多、个人素质不断提升，使旅游需求越来越旺盛；另一方面也是因为旅游本身在不断变化升级，在旅游供给方不断涌现出很多新的元素，旅游本身的魅力在不断增加。当供求双方均大幅度增长时，旅游活动的繁荣及产业的兴盛就成了必然。

事实上，当今世界各国均对旅游业的发展十分重视，很多国家都从国家战略的层面对旅游业的发展制定了全面的顶层设计。我国早在2009年《国务院关于加快发展旅游业的意见》中即明确提出，要将旅游业培育成国民经济的"战略性支柱产业"。从目前我国旅游业的发展实际来看，旅游业也确实在各方面发展中均起到了不可替代的作用。在经济发展方面，"旅游+"的提出进一步凸显了旅游业发展的带动性，在扩内需、稳增长、增就业、减贫困、惠民生中均发挥着独特的作用；在国际交流方面，旅游外交能达到"润物细无声"的效果，在破除政治壁垒、促进民间交流方面功不可没；在民族文化传播方面，"文旅融合"进一步增强了旅游对文化传播的使命和责任感，促成中华文化在全世界范围内更加广泛的传播和交流，以旅游整合文化，让人类共享文明。

随着旅游实践的不断发展，人们对它的研究也不断涌现出新思维、新视角和新理念。近些年来，旅游学界的学者们曾创造出无数个有关旅游的新概念，但没有哪一个概念能像"全域旅游"这样获得了社会的普遍认同和广泛响应。这既不是个别学者的研究成果所致，也不是行政力量的推动结果，而是因为这个概念的提出来自深厚的市场基础、现实基础和实践基础[①]。

随着"全域旅游"概念的提出，人们对这一概念的研究不断涌

---

① 杨振之.全域旅游的内涵及其发展阶段[J].旅游学刊，2016，31（12）:1-3.

现出新的成果。不仅学界，企业界、国家管理部门等也纷纷加入了这一概念的研究中来。有从内涵与外延的研究着手的，有从发展模式与理念等方面研究着手的；有设计发展路径的，有探索评价标准的；有从理论方面进行研究的，有抛开理论埋头进行旅游实践的。一时间百花齐放，百家争鸣，"全域旅游"的研究看起来热闹非凡。但仔细研究后可以发现，这些成果都不够系统，都只是碎片化的研究或个案研究，对于"全域旅游"在实践发展中的一些困惑和疑虑都无法给出清晰的指引。

但事实上，任何概念与理论的建立都是要指导社会实践的。"全域旅游"作为我国自主提出的一个旅游发展重要概念，我们应该对其进行系统化研究和深入化研究，推进我国旅游产业向更高级的方向发展。

第一节 全域旅游在我国的发展实践

一、我国全域旅游的提出与发展实践

（一）旅游业"全域"概念的提出

在现有的文献中，第一个提出"全域"概念探索旅游发展路径的是 2003 年王德刚发表的《日喀则旅游发展模式研究》。作者在文中提出了"五动""五化"为基本内容的日喀则旅游发展模式，认为日喀则的客源市场具有"全域性"；文中的"全域"指的是市场空间。该文可被认为是最早关于全域旅游的文献[①]。在之后的诸多报刊报道中，"全域旅游"一词逐渐被频繁使用。随着该词汇曝光率越来越多，业界、管理部门也开始加入了对"全域旅游"的理论和实践探索。

（二）全域旅游在我国的实践脉络

第一个从政府层面提出的"全域旅游"发展理念的是浙江省绍兴市。2008 年，绍兴市委、市政府提出"全城旅游"发展战略，启

---

① 王德刚. 日喀则旅游发展模式研究 [J]. 旅游科学，2003（3）:29-32.

动全城旅游区总体规划招标①。在此之后，各地发展"全域旅游"的文件或政策不断涌现。

2009年，江苏《昆山市旅游发展总体规划修编》提出"全域旅游，全景昆山"。

2010年，四川大邑县发展全域旅游的高端形态，启动全域旅游休闲度假战略规划。

2011年，在《杭州市"十二五"旅游休闲业发展规划》中，创新性地提出了旅游全域化战略；浙江桐庐提出全域旅游的全新理念；四川甘孜州提出了全域旅游概念。

2012年，四川甘孜州委明确提出实施全域旅游发展战略；山东一些县域将"全域旅游"确立为发展方向，山东沂水县确立"建设全景沂水发展全域旅游"发展战略；湖南资兴市推进旅游业由"区域旅游"向"全域旅游"转变。

2013年，宁夏明确提出要"发展全域旅游，创建全域旅游示范区（省），把全区作为一个旅游目的地打造"；桐庐成为浙江省全域旅游专项改革试点县，诸城市列为山东省全域旅游试点市；重庆渝中区启动《全域旅游规划》。

2014年，五莲县、临沂市、莱芜市、滕州市、沂水县成为山东省全域化旅游改革试点；河南郑州市人民政府关于发布《关于加快全域旅游发展的意见》。

2015年，国家旅游局下发了《关于开展"国家全域旅游示范区"创建工作的通知》，自此，"全域旅游"发展进入了快车道。

2016年1月29日，全国旅游工作会议在海南省海口市召开。时任国家旅游局局长李金早做了题为《从景点旅游走向全域旅游，努力开创我国"十三五"旅游发展新局面》的报告，再次明确全域旅游在"十三五"旅游发展中的重要地位。2016年2月5日，国家旅游局公布，262个市县成为首批国家全域旅游示范区创建单位。11月，国家旅游局公布了第二批国家全域旅游示范区创建名录，共计238个。全域旅

---

① 中国全域旅游发展全景图 http://citynews.toptour.cn/html/2019/03/20190320155037.shtml.

游建设正式在全国大规模推进开来。

2017年6月12日,国家旅游局召开新闻发布会,正式发布《全域旅游示范区创建工作导则》,为全域旅游示范区创建工作提供行动指南。8月,在西安举行的第三届全域旅游推进会上,陕西、贵州、山东、河北、浙江5省新增为全域旅游示范省创建单位。至此,全国全域旅游示范区创建单位达到505个,其中全域旅游示范省达到7个。

2018年3月9日,《国务院办公厅关于促进全域旅游发展的指导意见》印发并实施。

2019年3月18日,文化和旅游部办公厅下发《关于开展首批国家全域旅游示范区验收认定工作的通知》,以及文化和旅游部办公厅关于印发《国家全域旅游示范区验收、认定和管理实施办法(试行)》和《国家全域旅游示范区验收标准(试行)》,国家层面的全域旅游示范区验收工作有了标准,全域旅游建设工作走上了更高一个新台阶。

二、我国全域旅游实践发展阶段与现状

(一)我国全域旅游实践发展阶段划分

从上述全域旅游的发展实践来看,可以将我国全域旅游实践的发展分为3个阶段[①]。

1. 概念萌芽阶段(2012年以前)

从2003年王德刚在文中提出"全域"术语,到后续几年中诸多报刊报纸在报道中国逐渐使用这一词汇,再到2008年绍兴市委、市政府提出"全域旅游"发展战略,再到该术语被其他地方政府在经济发展政策或战略中使用,"全域旅游"这一术语逐渐从陌生走向熟悉,从小众走向大众,成为公众广泛认可的旅游新词汇。

2. 地方试点探索阶段(2013—2014年)

当"全域旅游"已经成为热门词汇并被人们广泛认可后,宁夏、山东、重庆、河南等地积极展开了全域旅游试点探索。这些地方的工

[①] 前瞻产业研究院.2018年中国全域旅游行业市场现状及发展趋势分析 未来将是多种模式并行发展.https://bg.qianzhan.com/report/detail/459/190327-b28b38c7.html.

作为全国范围内的全域旅游示范区的建设做了有益的尝试。

3. 国家示范推进阶段（2015年至今）

在这个阶段，国家旅游局下发了《关于开展"国家全域旅游示范区"创建工作的通知》，并先后公布了505个国家全域旅游示范区创建单位，不断推出各项制度，完善全域旅游建设工作。时至今日，我国的全域旅游实践已走出了一条比较清晰的发展道路。

（二）我国全域旅游实践发展现状

1. 我国全域旅游示范区创建单位的数量与分布

截至2019年3月，我国共有全域旅游示范区创建单位505个，其中省域全域旅游示范区7个。如表1-1、表1-2所示。

表1-1　2016年公布的我国全域旅游示范区创建名单

省域名称	第一批名单	第一批数量	第二批名单	第二批数量	合计数量
北京	北京市昌平区、北京市平谷区、北京市延庆区	3	门头沟区、怀柔区	2	5
江苏	苏州市、南京市秦淮区、南京市江宁区、徐州市贾汪区、淮安市金湖县、盐城市大丰区、镇江市句容市、泰州市兴化市	8	高邮市、南京市、镇江市、无锡市滨湖区、无锡市梁溪区、宜兴市、常州市新北区、常州市武进区、常州市金坛区、溧阳市、如皋市、淮安市淮安区、淮安市清河区（现淮安市清江浦区）、洪泽县（现淮安市洪泽区）、盱眙县、连云港市连云区、东海县、盐城市盐都区、东台市、宿迁市湖滨新区	20	28

(续表)

省域名称	第一批名单	第一批数量	第二批名单	第二批数量	合计数量
河北	石家庄市平山县、邯郸市涉县、保定市易县、保定市阜平县、保定市安新县、保定市涞源县、保定市涞水县、张家口市张北县、张家口市蔚县、唐山市迁西县、秦皇岛市北戴河区	11	张家口市、承德市、秦皇岛市、唐山市迁安市、唐山市遵化市、邯郸市武安市	6	17
山西	晋中市、长治市壶关县、长治市平顺县、晋城市阳城县、朔州市右玉县	5	忻州市、太原市阳曲县、大同市灵丘县、大同市浑源县、长治市黎城县、武乡县、晋城市泽州县、临汾市洪洞县、吉县、隰县、运城市永济市、芮城县、吕梁市岚县、交城县	15	20
内蒙古	内蒙古包头市达茂旗、内蒙古赤峰市宁城县、内蒙古锡林郭勒盟二连浩特市、内蒙古鄂尔多斯市康巴什新区、内蒙古兴安盟阿尔山市	5	鄂尔多斯市、阿拉善盟、包头市石拐区、土默特右旗、赤峰市克什克腾旗、呼伦贝尔市满洲里市、额尔古纳市、兴安盟乌兰浩特市、锡林郭勒盟多伦县	9	14
辽宁	盘锦市、沈阳市沈北新区、大连市瓦房店市、抚顺市沈抚新城、本溪市桓仁满族自治县、丹东市凤城市、丹东市丹东宽甸满族自治县、锦州市北镇市、葫芦岛市兴城市、葫芦岛市绥中县、朝阳市喀左县	11	本溪市、锦州市、沈阳市浑南区、大连市庄河市、鞍山市岫岩满族自治县、营口市鲅鱼圈区、阜新市阜蒙县、辽阳市弓长岭区、朝阳市凌源市	9	20

(续表)

省域名称	第一批名单	第一批数量	第二批名单	第二批数量	合计数量
吉林	吉林市、长白山、长春净月国家高新技术产业开发区、长春市九台区、长春市双阳区、通化市辉南县、通化市柳河县、通化市集安市、通化市通化县、白山市临江市、白山市抚松县、延边州敦化市、延边州延吉市、延边州珲春市、梅河口市	15	四平市伊通县、通化市东昌区、延边州和龙市、安图县	4	19
黑龙江	伊春市、哈尔滨市阿城区、哈尔滨市宾县、大庆市杜尔伯特蒙古族自治县、黑河市五大连池市、大兴安岭地区漠河县	6	黑河市、绥芬河市、大兴安岭地区、齐齐哈尔市碾子山区、鸡西市虎林市、佳木斯市抚远市、牡丹江市东宁市	7	13
上海	上海市黄浦区、上海市青浦区、上海市崇明区	3	松江区	1	4
浙江	杭州市、湖州市、丽水市、宁波市宁海县、宁波市象山县、衢州市开化县、舟山市普陀区、台州市天台县、台州市仙居县	9	衢州市、舟山市、宁波市奉化区、温州市文成县、永嘉县、绍兴市新昌县、嘉兴市嘉善县、桐乡市、金华市浦江县、磐安县	10	19

(续表)

省域名称	第一批名单	第一批数量	第二批名单	第二批数量	合计数量
安徽	黄山市、池州市、合肥市巢湖市、安庆市岳西县、安庆市太湖县、安庆市潜山县、宣城市绩溪县、宣城市广德县、宣城市泾县、六安市霍山县、六安市金寨县	11	宣城市、合肥市庐江县、马鞍山市含山县、淮北市烈山区、淮北市相山区、铜陵市枞阳县、安庆市宜秀区、滁州市南谯区、全椒县、阜阳市颍上县、宿州市砀山县	11	22
福建	平潭综合实验区、莆田市仙游县、三明市泰宁县、泉州市永春县、漳州市东山县、南平市武夷山市、龙岩市永定区、龙岩市连城县、宁德市屏南县	9	厦门市、福州市永泰县、泉州市德化县、龙岩市武平县、三明市尤溪县、建宁县	6	15
江西	上饶市、鹰潭市、南昌市湾里区、九江市武宁县、赣州市石城县、吉安市井冈山市、吉安市青原区、宜春市靖安县、宜春市铜鼓县、抚州市南丰县、抚州市资溪县	11	景德镇市、新余市、萍乡市芦溪县、宜春市宜丰县、吉安市安福县、赣州市瑞金市、龙南县	7	18
山东	烟台市、临沂市、济南市历城区、青岛市崂山区、淄博市沂源县、枣庄市台儿庄区、枣庄市滕州市、潍坊市青州市、潍坊市临朐县、威海市荣成市、威海市文登区、日照市五莲县	12	济南市、泰安市、威海市、日照市、莱芜市、枣庄市山亭区、济宁市曲阜市、滨州市无棣县、聊城市东阿县	9	21

第一章 导论

(续表)

省域名称	第一批名单	第一批数量	第二批名单	第二批数量	合计数量
河南	郑州市、济源市、洛阳市栾川县、洛阳市嵩县、安阳市林州市、焦作市修武县、焦作市博爱县、南阳市西峡县、信阳市新县、信阳市浉河区	10	焦作市、郑州市巩义市、洛阳市洛龙区、孟津、平顶山市汝州市、舞钢市、鲁山县、鹤壁市淇县、新乡市辉县、许昌市魏都区、鄢陵县、三门峡市灵宝市、卢氏县、商丘市民权县、南阳市南召县、信阳市商城县	16	26
湖北	恩施土家族苗族自治州、神农架林区、仙桃市、武汉市黄陂区、黄石市铁山区、宜昌市远安县、宜昌市秭归县、宜昌市长阳县、黄冈市麻城市、黄冈市罗田县、黄冈市红安县、咸宁市赤壁市	12	宜昌市夷陵区、五峰土家族自治县、黄冈市英山县、咸宁市通山县	4	16
湖南	张家界市、湘西土家族苗族自治州、长沙市望城区、株洲市炎陵县、湘潭市韶山市、湘潭市昭山示范区、邵阳市新宁县、岳阳市平江县、常德市石门县、郴州市桂东县、郴州市苏仙区、怀化市通道县、娄底市新化县	13	怀化市、长沙市长沙县、宁乡市、浏阳市、衡阳市南岳区、邵阳市城步县、岳阳市湘阴县、临湘市、益阳市安化县、桃江县、娄底市涟源市、郴州市资兴市、宜章县、汝城县、株洲市醴陵市、永州市东安县、江永县、宁远县	18	31

9

(续表)

省域名称	第一批名单	第一批数量	第二批名单	第二批数量	合计数量
广东	深圳市、珠海市、中山市、江门市开平市、江门市台山市、惠州市博罗县、惠州市龙门县	7	韶关市、惠州市、梅州市、广州市番禺区、阳江市海陵岛试验区、清远市连南县、揭阳市揭西县	7	14
广西	北海市、南宁市上林县、柳州市融水县、桂林市兴安县、桂林市阳朔县、桂林市龙胜县、百色市靖西县、贺州市昭平县、河池市巴马县、崇左市凭祥市	10	南宁市、贺州市、桂林市雁山区、恭城瑶族自治县、防城港市东兴市、钦州市钦南区、玉林市容县、河池市宜州区、来宾市金秀瑶族自治县	9	19
重庆	重庆市渝中区、重庆市大足区、重庆市南川区、重庆市万盛经济技术开发区、重庆市巫山县	5	重庆市奉节县、重庆市武隆区、重庆市石柱县	3	8
四川	乐山市、阿坝藏族羌族自治州、甘孜藏族自治州、成都市都江堰市、成都市温江区、成都市邛崃市、广元市剑阁县、广元市青川县、雅安市宝兴县、雅安市石棉县、绵阳市北川羌族自治县	11	攀枝花市、广元市、雅安市、凉山彝族自治州、巴中市、成都市锦江区、浦江县、新津县、崇州市、绵阳市安州区、平武县、泸州市纳溪区、德阳市绵竹市、宜宾市长宁区、兴文县、达州市宣汉县、广安市华蓥市	17	28

(续表)

省域名称	第一批名单	第一批数量	第二批名单	第二批数量	合计数量
贵州	遵义市、安顺市、贵阳市花溪区、六盘水市盘州市、铜仁市江口县、毕节市百里杜鹃旅游区、黔西南布依族苗族自治州兴义市、黔东南苗族侗族自治州雷山县、黔东南苗族侗族自治州黎平县、黔东南苗族侗族自治州镇远县、黔南布依族苗族自治州荔波县	11	贵阳市、铜仁市、黔西南布依族苗族自治州、黔东南苗族侗族自治州、六盘水市六枝特区、六盘水市钟山区、水城县	7	18
云南	丽江市、西双版纳傣族自治州、大理白族自治州大理市、保山市腾冲市、红河哈尼族彝族自治州建水县、迪庆藏族自治州香格里拉市	6	大理白族自治州、昆明市石林县、曲靖罗平县、玉溪市新平县、澄江县、红河哈尼族彝族自治州弥勒市	6	12
西藏	拉萨市、林芝市	2	日喀则市、阿里地区普兰县	2	4
陕西	宝鸡市、汉中市、韩城市、西安市临潼区、咸阳市礼泉县、渭南市华阴市、延安市黄陵县、延安市宜川县、榆林市佳县、安康市石泉县、安康市岚皋县、商洛市商南县、商洛市柞水县	13	南市大荔县、铜川市耀州区、安康市宁陕县、商洛市山阳县	4	17

(续表)

省域名称	第一批名单	第一批数量	第二批名单	第二批数量	合计数量
甘肃	甘南藏族自治州、兰州市城关区、天水市武山县、张掖市肃南裕固族自治县、酒泉市敦煌市	5	嘉峪关市、张掖市、兰州市榆中县、白银市景泰县、天水市麦积区、陇南市宕昌县、康县、平凉市崆峒区、临夏回族自治州永靖县	9	14
青海	西宁市大通县、海北藏族自治州祁连县	2	海东市乐都区、海北藏族自治州、海南藏族自治州贵德县	3	5
宁夏	中卫市、银川市西夏区、银川市永宁县、石嘴山市平罗县、吴忠市青铜峡市、固原市泾源县	6	全自治区		
新疆	吐鲁番市、哈密市巴里坤哈萨克自治县、昌吉回族自治州木垒哈萨克自治县、博尔塔拉蒙古自治州温泉县、伊犁哈萨克自治州昭苏县、阿勒泰地区阿勒泰市、阿勒泰地区布尔津县、新疆生产建设兵团、新疆生产建设兵团第一师阿拉尔市十团	9	喀什地区、乌鲁木齐市乌鲁木齐县、阿克苏地区乌什县、昌吉回族自治州阜康市、吉木萨尔县、巴音郭楞蒙古自治州博湖县、伊犁哈萨克自治州克斯县、塔城地区裕民县、新疆生产建设兵团第一师16团、新疆生产建设兵团第六师青湖经济开发区101团、	16	25

(续表)

省域名称	第一批名单	第一批数量	第二批名单	第二批数量	合计数量
			新疆生产建设兵团第七师126团、新疆生产建设兵团第八师石河子市、新疆生产建设兵团第九师161团、新疆生产建设兵团第九师165团、新疆生产建设兵团第十师北屯市、新疆生产建设兵团第十师185团		
天津	天津市和平区、天津市蓟州区、天津市生态城	3		0	3
海南	全省各市县区				

2. 我国全域旅游示范区的类型

按照全域旅游示范区所覆盖的范围,我国全域旅游示范区可分为省域全域旅游示范区、市域全域旅游示范区、县域全域旅游示范区。

在现有的505个创建区中,县、县级市区占比超过了80%。根据2019年最新的创建标准,地级市要创建示范区,其辖区内70%的县、县级市区也要创建成功。

表1-2 我国全域旅游示范省创建单位名单

序号	省域名	获批时间
1	海南	2016年2月
2	宁夏	2016年11月
3	陕西	2017年8月
4	贵州	2017年8月

(续表)

序号	省域名	获批时间
5	山东	2017年8月
6	河北	2017年8月
7	浙江	2017年8月

3. 我国全域旅游示范区建设现状

自全域旅游示范区创建单位名单公布以来,各个地区高度重视,纷纷将全域旅游发展纳入本地政府工作计划,因地制宜地开展各项建设工作,取得了一系列不错的成绩。2019年3月,文化和旅游部下发了全域旅游示范区验收认定的系列文件,首批国家全域旅游示范区验收认定工作正式启动。预计到"十三五"结束,全域旅游示范区可开区运营[①]。

第二节 全域旅游理论的国内外研究概况

随着全域旅游实践活动的开展,有关全域旅游的理论研究活动也蓬勃开展起来。在知网中以"全域旅游"一词为主题进行检索,截至2019年3月,可检索到5 000余篇相关文献。这些研究成果主要出现在2008年之后,而其中有90%是发表在2015年之后的成果。可见,目前国内学术界对于全域旅游的研究已经十分火爆。下边对这些研究做一个简单梳理。

一、国外有关全域旅游理论的研究进展

"全域旅游"一词是我国首先提出的旅游发展新词汇,在国外并没有在内涵方面与之完全对应的旅游术语。在我国官方文件中,全域旅游曾被翻译为"holistic tourism destination"和"all-for-one tourism",前者为2016年李克强总理在首届世界旅游发展大会开幕式上致辞的翻译,后者为2017年李克强总理政府工作报告的英译。此外,网上

---

① 前瞻产业研究院.2018年中国全域旅游行业市场现状及发展趋势分析 未来将是多种模式并行发展 https://bg.qianzhan.com/report/detail/459/190327-b28b38c7.html.

常用的翻译软件还经常翻译为"global tourism"。

但是，这些翻译形式均未被广泛接受。究其原因，是我国提出的全域旅游概念所包含的含义尚未在学术界形成统一的认识，而国外如西班牙提出的"holistic tourism"，以及墨西哥、秘鲁、阿根廷等国家所倡导的"全域旅游"又与我国的发展实际有较大的差别。中国翻译研究院的微信公众号发文认为，根据全域旅游推进整个地区发展的内涵，可将全域旅游翻译为"all-area tourism-based development"或"all-area-advancing tourism"[1]。

无论如何翻译，如果要从我国全域旅游的内涵出发去查询国外类似的旅游发展理论，均无法直接搜索到相关的研究成果。但是，国外却有大量运用全域旅游理念建设景区和旅游城镇的案例，可见表1-3所示[2]。

表1-3 国外运用全域旅游理念的案例

地区	举措	模式及经验
佛罗里达	全域空间+全域产品+全域配套	以"五都"（迈阿密、奥兰多、罗德岱尔堡、西棕榈海滩、基韦斯特）为核心，以量大面广为支撑的城市网络体系
瑞士	全域多彩体验+全域基础保障	以建设特色旅游小镇，旅游业推动城镇化发展，将全国建成一个有机结合的大景区和大度假区，构建"世界公园"
新加坡	全空间联动+全业态创新+全媒体营销+全景观打造	把城市公共资源纳入旅游资源的范畴
法国	乡村+都市旅游一体化发展	都市旅游和乡村相结合，形成城市、乡村融合的一体化结构
拉斯维加斯	旅游业+其他产业	充分发挥旅游业的联动作用，形成深度产业融合

[1] FW."全域旅游"怎么翻译 | 译世界.https://mp.weixin.qq.com/s?__biz=MzA5NjczMDg2Nw%3D%3D&idx=1&mid=2650841325&scene=45&sn=8ea794422351ced571ec32246146e799.
[2] 高华.全域旅游空间的质量研究[D].广州：广州大学，2018.

可见，尽管国外没有与我国内涵完全一致的"全域旅游"理论研究成果，但有大量类似的旅游发展思想。下面就这些研究成果进行简单梳理。

（一）关于旅游区域划分的研究

国外关于旅游区域的研究比较早。Zoran Klaric（1992）分析了空间组织下的克罗地亚旅游区的建立，认为旅游区域可分为3种类型：与行政区域相联系的旅游区，独立的特殊旅游区，覆盖整个区域、超越行政界限的旅游区。在该文中，Zoran Klaric认为克罗地亚旅游区最适合的是第三种定义，提出了将旅游区域覆盖整个区域，超越行政界限的理念。这是全域旅游区域划分理念的雏形，也给后来的研究提供了一些思路。

就我国的全域旅游发展实践来讲，目前我国的全域旅游示范区主要与行政区域相联系，虽然也有学者提出了超越行政界限的旅游区，但并没有真正落到实处。

（二）关于以旅游业作为支柱产业的研究

与我国将旅游产业拔高到战略性支柱产业相类似，国外也很早就提出了将旅游业作为战略支柱性产业促进地方经济发展的理念。Lucy Kaplan（2004）论述了南非在将旅游产业作为战略性支柱产业的背景下地方人才技能培养的重要性，以人才技能提升实现旅游产业的战略性地位。Malcolm Beynon（2009）在其文章中研究了几个具有代表性的以旅游业作为支柱产业的地区的经济因素，这些均可被视为全域旅游发展理念中以旅游业作为支柱产业最早的研究依据。

（三）关于发展可持续性旅游产业的研究

全域旅游追求的一定是可持续发展的旅游模式，在国外关于旅游业的可持续发展问题也有较多的研究成果。Joanne Connell（2008）针对新西兰政府出台的资源管理条例，以可持续的旅游发展为导向提出了新西兰全国性的旅游发展策略；将新西兰全境作为整体研究对象，可被视为对全域旅游发展理念内涵的运用。

Rachel Dodds（2010）研究了实施可持续性旅游对于旅游目的地的重要意义，对于旅游目的地实施可持续旅游政策的障碍进行了分析。David Botterillb（2015）对塞浦路斯旅游可持续发展中存在的问题进行了分析，认为复杂的政治环境、文化环境和社会环境对于旅游可持续发展的有效实施具有重要的影响。这些研究对可持续旅游的影响因素进行了探析，对全域旅游的实际落地起到了重要的帮助作用。

此外，与全域旅游发展有关的生态旅游、乡村旅游等在国外均有丰硕的研究成果。但是，由于国外的旅游业发展大都以市场为主导，旅游规划都针对旅游影响管理和可持续发展而言，真正由政府部门主导的旅游实践案例并不是太多[①]。所以，这种现实导致了他们不大可能会提出像我国这样由政府主导的全域旅游概念。

二、国内全域旅游理论研究进展

全域旅游是我国近些年提出的全新旅游发展理念，我国学者对其理论研究作出了很大的贡献。通过对知网、万方等智库进行检索，可对我国研究者们在全域旅游理论方面所作的贡献进行简单梳理。

（一）关于全域旅游的基本认识

这类研究主要是向公众普及何为全域旅游，其研究起源于我国的全域旅游发展实践。2008年，绍兴提出了"全城旅游"发展战略，"全域旅游"一词逐渐热门起来。各类期刊、报纸及相关政府管理部门的文件和政策，均不断涌现出"全域旅游"的字眼。但这些文章多为报纸的一般性报道，高质量学术性文献并不多。有代表性的研究者及其文献主要如下。

厉新建等（2013）在《全域旅游：建设世界一流旅游目的地的理念创新——以北京为例》中首次对全域旅游进行了较为系统的全面介绍。作者首先对全域旅游的概念进行了界定，认为全域旅游理念的核心是"四新"：全新的资源观、全新的产品观、全新的产业观、全新的市场观。认为要落实全域旅游，需要在全要素、全行业、全过程、

---

① 常文杰. 鄂尔多斯市发展全域旅游研究[D]. 呼和浩特：内蒙古大学，2017.

全方位、全时空、全社会、全部门、全游客八个层面加以落实。最后，文章还以北京为例，对如何践行全域旅游发展理念提出了建议。

吕俊芳（2013）在《辽宁沿海经济带"全域旅游"发展研究》中认为全域旅游体现的是一种现代整体发展观念，区域各方面的发展应服务于旅游发展大局，形成全域一体的旅游品牌形象。对全域旅游产生的理论基础进行了论述，提出全域旅游开展所应具备的3个基础条件是社会条件、人口条件和资源条件。

刘玉春等（2015）在《全域旅游助推县域经济发展——以安徽省旌德县为例》中对全域旅游的含义进行了界定，认为全域旅游的发展模式有三种：全新的休闲旅游模式、全新旅游景观模式、城镇化的旅游产业模式。文章还对全域旅游的特点进行了提炼，认为全域旅游的发展仍需要以景观和服务作为支撑，提出了全域旅游发展需要做到四个全面：全要素、全行业、全时空、全游客。

张辉等（2016）在《全域旅游的理性思考》中认为全域旅游的提出和流行不在于研究者们的提法好，也不在于国家旅游局的推动好，而是因为其符合我国社会经济发展的背景，能解决我国旅游发展的现实问题。文中认为，全域旅游不应从"全"的角度来认识，而应该从"域"的角度来解释，叫作"域的旅游完备"，也就是空间域、产业域、要素域和管理域的完备。同时，该文主张不能仅仅将全域旅游视为一种旅游发展的方式和模式，更认为它是社会经济发展的一种方式。

石培华（2016）通过一系列报道和文章，对全域旅游的发展意义进行了阐述，认为全域旅游是一场具有划时代的转折意义的变革，是旅游业发展到现阶段的必然产物，在这场改革过程中，各方面都要做出积极的努力。

王佳果等（2018）在《全域旅游：概念的发展与理性反思》一文中对全域旅游概念的起源以及学界对该概念的研究进行了整体回顾，主张从学术概念、发展理念、行动策略等多重层面来理解"全域旅游"，同时也要从倡导主体、发展主体、受益主体的视角来理解"全域旅游"。

除了上述学者的分析和研究外，业界和政府主管部门也对全域旅游进行了各种研究，在普及和推广全域旅游有关认识方面进行了各种有益的探索。例如，杨振之的来也旅游研究规划院也较早研究了全域旅游，在向公众普及全域旅游知识方面也做了较多贡献。同时不得不提的是国家旅游局等主管部门在推广全域旅游方面所做的贡献。

2016年2月，时任国家旅游局局长的李金早先生在《全域旅游大有可为》的讲话中分3个方面介绍了全域旅游的有关知识：什么是全域旅游、为什么要推进全域旅游、如何推进全域旅游。李金早认为，推进全域旅游是我国新阶段旅游发展战略的再定位，是一场具有深远意义的变革。我国要从景点旅游模式走向全域旅游模式，需要实现九大转变、体现5个鲜明特征、达到4项基本标准，并防范陷入一些误区。该文深入浅出，系统向公众阐释了政府在全域旅游发展方面的主张和态度。

（二）关于全域旅游的研究阶段和热点

1. 全域旅游的研究阶段和内容

与全域旅游的实践发展阶段基本类似，对全域旅游的理论研究也可以分为三个阶段①。

第一个阶段是2009—2012年，这是理论研究的起步阶段。该阶段主要以个案研究为主，且文献数量较少。

第二个阶段是2013—2015年，是理论研究的成长阶段。这个阶段研究数量增多，且出现了一些高质量的研究成果，内容方面主要是介绍全域旅游的认知性问题，深度不够。

第三个阶段是2016年至今，是理论研究的暴发阶段。这个阶段文献数量暴发式增长，且研究内容多元化，研究的深度也大大提升，文献质量显著增加。

截至2019年3月，从知网检索到的有关全域旅游的文献已达到5 000余篇。这些文献研究主题不同、研究视角各异，从不同层面对全域旅游理论各方面进行了不同深度的研究。

---

① 林泓,林岚,朱志强,等.国内全域旅游研究述评[J].旅游研究,2018,1(2):62-74.

从各类文献研究的主要内容来看,潘丽琴等(2018)总结了以全域旅游理论视角来研究的热门话题,主要涉及发展策略研究、县域经济发展、供给侧结构性改革、教育与人才培养、文化研究、扶贫、信息技术、其他方面八个方面[1]。随着对全域旅游理论研究的不断深入,人们对其内涵的认识逐步由探索走向成熟;而在实践方面,已将全域旅游的发展理念运用到了旅游对策、旅游规划、县域旅游、乡村旅游、旅游供给侧、精准扶贫、专业教育以及人才培养等领域。

2. 全域旅游的研究热点

通过对所检索到的文献的关键词进行分析,胡建华等(2019)借助信息可视化工具 Citespace 软件,得出了近些年来全域旅游研究的热点词汇。这些词汇依次为:全域旅游、旅游业、旅游产业、乡村旅游、产业融合、智慧旅游、发展路径、旅游目的地、观光旅游、生态文明建设、特色小镇等[2]。

从文献的研究来看,很多学者借助全域旅游的思想重新审视了乡村旅游、旅游目的地、特色小镇的体系构建,以及旅游发展模式、提升路径、转型升级、产业融合等方面的问题,有力推动了全域旅游理论在旅游发展实践方面的应用。

胡建华等进一步对研究特点进行聚类分析,提炼出全域旅游研究的五大热点主题。

(1)全域发展。这类主题主要包含了全域视角、旅游供给、耦合协调、融合创新、高质量发展等重点关键词。对于如何推动全域发展,各位学者并未形成统一的意见,在发展着眼点、发展具体路径和发展模式方面均持有不同的观点和看法。

(2)全新思维。这类主题主要集中在探讨旅游规划、关联要素、跨界融合、旅游+、新生业态等方面。全域旅游打破了传统旅游发展模式中各自为战的发展路径,强调了以"旅游+"的全新思维强化关联要素的有机整合,致力于推动旅游业与当地优势产业的跨界融合,

---

[1] 潘丽琴,金鑫,杨俊玲,等.全域旅游研究综述[J].旅游纵览(下半月),2018(2):43-44.
[2] 胡建华,胡亚光.国内全域旅游热点研究综述——基于 CNKI 的文献计量分析[J].江西广播电视大学学报,2019,21(1):53-57.

形成新生业态，进而促使当地产业达到"接二连三"、业态创新、高质发展的目的。

（3）共享经济。这类主题主要涵盖了后工业时代、服务商、营销服务、品牌建设、智慧旅游等方面的内容。研究主要聚焦于后工业时代背景下，共享经济模式对旅游服务运营商、全域旅游建设的变革影响。

（4）休闲度假。这类主题主要围绕着服务功能、民宿经济、政策建议、服务设计、竞争力评价等方面展开。这类研究认为，全域旅游正是迎合了全民休闲时代的重要旅游发展理念，旅游供应方、管理方应该认真思考全域旅游如何更好地为全民休闲度假服务。

（5）发展趋向。这类主题主要探讨了全域旅游的基本理念、功能、旅游消费需求的演化以及制度变迁等内容。紧密结合时代的发展和消费者需求的变化而可能引致的全域旅游发展趋向。

第二章 全域旅游基础理论

从全域旅游这个词汇出现以来,关于全域旅游基础理论的探讨就从没有间断过。尽管时至今日,学者们对全域旅游理论的很多方面均还存在争议、没有形成统一的认识,但是学界关于它的研究兴趣十分浓厚、并涌现了一批高质量的基础研究成果仍是不争的事实。本章将在前人研究的基础上,试图对全域旅游的基础理论进行系统阐述。

第一节 全域旅游的概念

对全域旅游理论的探讨最早是从其概念入手的。因为要研究这一理论体系,首先得知道它究竟是什么。在这方面的研究数量较多,且有一批研究质量很高的研究成果。本节将首先回顾这些成果中较典型的代表,然后在前人的基础上给出自己的界定。

一、厉新建等人的研究

2013年,厉新建、张凌云、崔莉等人在人文地理上发表了《全域旅游:建设世界一流旅游目的地的理念创新——以北京为例》一文,对全域旅游基础理论进行了较为全面系统的阐述。在该文中,厉新建等人对全域旅游做了这样的界定。

所谓"全域旅游"就是指各行业积极融入其中,各部门齐抓共管,全城居民共同参与,充分利用目的地全部的吸引物要素,为前来旅游的游客提供全过程、全时空的体验产品,从而全面地满足游客的全方位体验需求[1]。文章认为,"全域旅游"所追求的不再停留在旅游人次的增长上,而是旅游质量的提升,追求的是旅游对人们生活品质提升的意义,追求的是旅游在人们新财富革命中的价值。

按照这个表述,厉新建等人将全域旅游界定为一种新型旅游活动和新型旅游产业发展方式,是在新形势下旅游理论的新发展。它的

---

[1] 厉新建,张凌云,崔莉.全域旅游:建设世界一流旅游目的地的理念创新——以北京为例[J].人文地理,2013,28(3):130-134.

优点是对全域旅游的发展目的、发展特征、发展路径（或方法）等要素进行了思考，综合考虑到了旅游供给方、旅游管理部门和旅游需求方，并认识到了全域旅游思维下新旅游可能出现的诸多变化。这个概念是在全行业都还没有对全域旅游有一个全面认识的基础上提出的首个较为全面的概念，对指导全域旅游实践有着重要的意义。但是，这个概念仍然有一些不足。例如，该概念仍然主要是站在旅游和旅游业的角度考虑问题，对全域旅游助力地方社会经济全面发展的功能认识不足，同时，对全域旅游可能带来的利益为谁所分享的问题也考虑不足。

厉新建等人在文中还提出了"全域旅游目的地"的概念，认为全域旅游目的地是指：全域范围内一切可资利用的旅游吸引物都被开发形成吸引旅游者的吸引节点、旅游整体形象突出、旅游设施服务完备、旅游业态丰富多样、能吸引相当规模的旅游者的综合性区域空间，是以全域旅游理念打造的全新目的地。该概念与前边的全域旅游概念一样，提炼了全域旅游目的地的典型特征和发展模式，但是也容易给人造成一种误解：全域旅游目的地就是什么都要做，或者什么都能做。

二、李金早的界定

随着全域旅游的实践和研究越来越热，2016年，时任国家旅游局局长的李金早先生在其讲话《全域旅游大有可为》中，首次站在管理部门的角度给出了全域旅游国家战略层面的定义。

全域旅游是指在一定区域内，以旅游业为优势产业，通过对区域内经济社会资源尤其是旅游资源、相关产业、生态环境、公共服务、体制机制、政策法规、文明素质等进行全方位、系统化的优化提升，实现区域资源有机整合、产业融合发展、社会共建共享，以旅游业带动和促进经济社会协调发展的一种新的区域协调发展理念和模式[①]。

在该定义中，全域旅游被表述为一种区域协调发展理念和模式，强调了该模式下旅游业的核心战略地位和龙头带动产业地位，强调了各方面建设和资源的有机整合和利用，强调了发展成果的全社会共享，综合考虑到了各方面因素，是综合了前阶段学界研究成果、站在国家顶

---

① 新华网.李金早：全域旅游大有可为 http://www.xinhuanet.com/travel/2016-02/09/c_128710701.htm.

层设计层面给出的理论界定，能有效指导各地的全域旅游区建设实践。

但是，该界定未能指出旅游者在全域旅游发展中的角色和作用，是仅仅考虑到了供给方和管理方、对市场因素重视不足的一个定义。

三、全域旅游的概念界定

（一）全域旅游概念界定时应该考虑的因素

作为一种有着广泛实践经验的旅游新词汇，全域旅游是不同于以往任何旅游发展模式的新事物。在对这个词汇进行概念界定时，应该考虑如下几个方面的因素。

1. 全域旅游是国家或地区战略层面的旅游发展模式和理念，而不仅仅是发展方式或对传统旅游发展方式细枝末节的修订

在对全域旅游进行概念界定时，或用全域旅游思维来指导旅游发展实践时，应该认识到全域旅游是国家或地区战略层面的旅游发展模式和发展理念，它会从根本上影响国家或一个地区的旅游发展全方面，需要涉及各方在思想上、政策上和行动上都来一次彻底的调整和转变，而不能仅仅将之视作为简单的旅游业发展战术或策略，也不是对传统旅游发展方式细枝末节的修订。

2. 全域旅游不仅仅是旅游，而是一种推动社会经济全面协调发展的理念

全域旅游是在新形势下提出的社会经济协调发展理念，是对"创新、协调、绿色、开放、共享"五大发展理念的贯彻和落实。推行全域旅游，其目的不只是将旅游产业做大做强，而是通过全域旅游实践提升旅游对相关产业的附加值；不只是要推动地区旅游收入的增加，而是要通过全域旅游实践推动地区经济的发展[1]。

因此，全域旅游不仅仅是我国旅游化进程的重要表现形式，也是我国改变单一工业化发展方式的新型社会经济协调发展方式。

3. 全域旅游的发展是需要条件的

如同任何一个新事物的推广都需要有前提一样，全域旅游的发展也是需要条件的。不是每一个地方都可以搞全域旅游。这些条件应

---

[1] 张辉，岳燕祥.全域旅游的理性思考[J].旅游学刊，2016，31（9）:15-17.

该至少包含这样几个方面：首先是资源，全域旅游的发展也是需要旅游资源的，完全没有旅游资源的地方是绝对不能搞全域旅游的；其次是社会经济发展条件，包括了全域旅游目的地建设的经济基础、人才储备、社区居民素质水平等；再次是需求条件，不论是旅游产业还是由其带动的相关产业，都是需要考虑市场条件的，只有那些有充足客源市场的地方才有条件搞全域旅游。

4. 全域旅游的政府主导特征

前文提到过，在国外之所以没有系统全面地提出全域旅游的发展概念，是因为国外的大多数地区在旅游发展中主要依靠的是市场机制，没有推动全域旅游发展的核心力量。在我国的全域旅游实践中，不论是推动理论的传播还是实际的行业实践，政府一直扮演着主导的角色。因此，在全域旅游概念界定时，一定要提到政府在发展全域旅游中的重要作用。

5. 全域旅游的发展既在"全"，也在"域"

从现有的文献资料来看，很多学者对全域旅游的解释都重在"全"，认为全域旅游就是"全要素""全市场""全产业""全时间""全人员""全过程""全地域"等，而忽视了"域"。张辉等认为，从全域旅游提出的社会背景和旅游背景来分析，全域旅游不应从"全"的角度来认识，而应该从"域"的角度来解释，叫作"域的旅游完备"，也就是空间域、产业域、要素域和管理域的完备[①]。事实上，全域旅游既要从"全"的角度来认识，也要从"域"的角度来界定。

（二）全域旅游概念界定

综上分析，可以对全域旅游做这样的界定。

全域旅游是具备条件的目的地，在政府主导和推动下，充分调动各方面力量，以市场为导向，以旅游业为优势产业，对区域内各种资源、相关产业进行充分整合利用，注重在生态环境、公共服务、体制机制、政策法规、文明素质等方面的优化提升，以产业融合发展、社会共建共享的方式实现区域社会经济协调发展和可持续发展的地区

---

① 张辉，岳燕祥. 全域旅游的理性思考 [J]. 旅游学刊，2016，31（9）：15-17.

协调发展理念和模式。

从上述概念可以看出,全域旅游的本质是一种区域协调发展理念和模式。在这种发展理念和模式下,以旅游整合资源、带动区域全方面可持续发展的特征尤其突出。

1. 以旅游整合资源

在传统的景点旅游中,一个地区的旅游发展通常将旅游资源的开发和景点建设与当地的其他发展割裂开来,以门票经济、碎片发展为特征。在这种发展模式下,旅游业的发展和当地其他产业的发展是完全分割的,并由此产生了一系列不和谐因素。例如,居民是居民、游客是游客;城市是城市、景区是景区;在某处花了好大精力才开发成功的一处景点,却和另一处景点形成了恶性竞争;旅游的开发损害了当地居民的利益,或当地居民对旅游的发展漠不关心等。这一切都需要有新的旅游发展模式,也正是全域旅游发展理念和模式需要解决的问题。

在全域旅游发展模式下,首先要实现区域内所有资源的全面整合。这要求旅游目的地要把不同特色的旅游产品或业态集群分布在各个空间板块,在不同的时间、空间打造不同特色的旅游产品群。这种旅游产品群不仅仅涉及区域中的某一个资源或某一类资源,还涉及区域内的所有资源。而对于现在旅游业中已经被开发或正在被利用的旅游资源,也要重视对它们的重新认识和开发,即所谓的"洗牌"。例如,对原先的核心旅游资源的地位予以降级,将原先的非核心资源予以升级等。

其次,全域旅游的资源的整合还涉及对"资源"这个概念的重新认识。传统的旅游资源通常被划分为自然旅游资源和人文旅游资源,但在全域旅游发展理念下的资源范围应大大突破"旅游"的范畴,它包括了当地可资利用的所有特色资源、城市资源、创意资源等。这需要全域旅游的实践者对区域资源进行充分挖掘、利用、优化,把能够培育到的产业要素的各类资源进行有效整合。

2. 带动区域全方面可持续发展

旅游业本身是带动性很强的产业,它的发展能带动相关产业的快速发展。旅游活动涉及吃、住、行、游、购、娱等各方面要素,需要广泛的旅游供给方。因此，旅游行业每接待一位游客，其产生的旅游需求均会成为相关产业的市场机会，进而带动相关产业的发展。

全域旅游模式下，旅游产业对目的地的带动更强。因为在全域旅游模式下，向旅游者提供服务的不再是旅游相关产业而是目的地整个区域的全部行业，能从旅游业发展中分享利益的不仅仅是旅游相关从业者，而是目的地全部居民。因此，全民为了旅游、全行业为了旅游的发展模式下，目的地全产业也得到了迅速发展，当地社会经济也被全方面带动，地区的可持续发展能真正实现。

第二节　全域旅游的核心

厉新建认为，全域旅游的核心是"四新"，即全新的资源观、全新的产品观、全新从产业观和全新的市场观，如图2-1所示[①]。

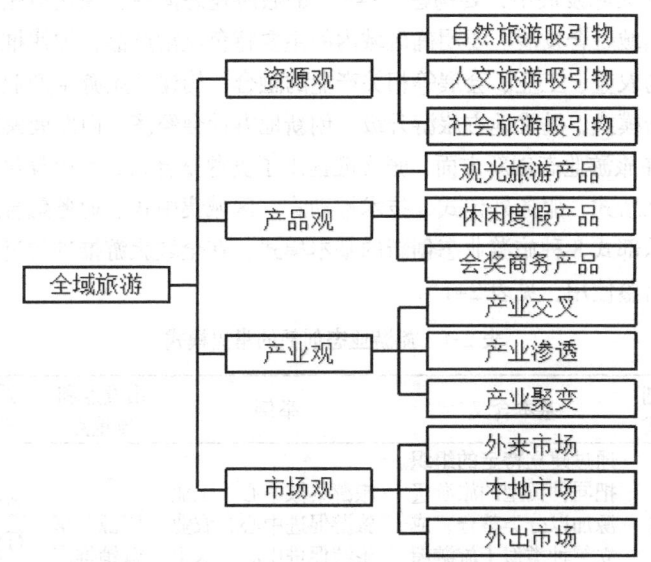

图2-1　全域旅游的"四新"

---

① 厉新建，张凌云，崔莉. 全域旅游：建设世界一流旅游目的地的理念创新——以北京为例[J]. 人文地理，2013, 28（3）:130-134.

诚如厉新建的观点,全新旅游作为我国新时代旅游业发展战略再定位下的发展新理念,其必然体现出"新"的特征。推进全域旅游发展,有必要摆脱长期的"路径依赖",打破传统的"思维藩篱",构建全方位、深层次的全域旅游创新体系。因此本书认为,全域旅游的核心是创新。这种创新主要表现在以下几个方面。

一、创新旅游理念认识和产品业态

在自助游、深度游成为国内游客出行的主要方式,传统的"孤岛型"景点旅游模式已无法适应新需求的背景下,推动全域旅游发展首先要跳出"小旅游"思维,创新理念认识。将旅游业的发展与地区产业结构调整、扶贫攻坚、生态文明、文化传承、和谐稳定、就业富民、环境优化等地方全方面、可持续发展紧密联系,切实将旅游业培育成为事关区域经济社会发展全局的综合性和战略性产业[①]。

在实际发展中,要构建"1+N"的旅游业态体系,深化与相关产业和领域融合发展。要明确区域内的主要特色旅游产品,加快推动旅游业与农业、工业、会展等相关产业的融合,构建"旅游+产业"的发展新模式,助推地方旅游升级,创新地方社会经济全面发展模式。

在旅游业态创新方面,张文健提出了资源整合式、专业分化式、组织创新式、服务外包式、技术推动式、区域集中式、业务融合式以及俱乐部式8种旅游业态创新的基本模式,在全域旅游推进的过程中可以借鉴使用,见表2-1[②]。

表2-1 旅游业态创新的常见模式

业态创新模式	基本含义	举例	出发点和侧重点	适应对象
资源整合式	通过建立特定的组织把同种类型的旅游资源加以分类整合,成立一类似于旅游超市和专卖店的形态,以利于集中推广	旅游集散中心、工业旅游促进中心、农业旅游促进中心、水上旅游促进中心等	资源共享营销推广	政府和行业协会

① 张凤有.以创新精神推动全域旅游发展[N].河南日报,2016-08-16(012).
② 张文建.当代旅游业态理论及创新问题探析[J].商业经济与管理,2010(4):91-96.

(续表)

业态创新模式	基本含义	举例	出发点和侧重点	适应对象
专业分化式	随着市场的不断扩大和分工专业化的加深，在原有比较成熟的旅游企业内部某些部门功能强化后独立出来所形成	导游服务公司、租车服务公司、专业会议组织公司（PCO）、目的地管理公司（DMC）、旅游管理公司（TMC）、旅游专业服务公司	市场细分专业提升	中小型企业
组织创新式	大型旅游企业集团为占领市场和扩大规模，在经营和管理上的组织表现形式	经济型酒店、连锁酒店、连锁旅行社、景区联盟、饭店联盟	市场份额规模经济	企业集团
服务外包式	企业集团或政府部门为节约成本、减少开支和便于管理把内部的某些业务和事物外包出去以提高核心竞争力的行为	旅游呼叫中心运营商、差旅管理公司、会奖旅游服务公司	成本节约优化管理	大型企业
技术推动式	在电子信息和网络技术高度发达的基础上直接催生的新型业态	以"携程""艺龙""芒果网"代表的第三方中介、以"去哪儿"为代表的垂直搜索引擎、移动通信信息提供商、数字旅游服务商等	资本技术网络经济	IT企业、信息部门、高科技产业
区域集中式	企业为获取集聚优势在某一特定区域功能上的联合	品牌购物shopping mall、精品综合度假mall、旅游总部经济集聚区（项目集聚与推广中心）、旅游综合体	综合效益集聚经济	开发区、商务区、现代服务集聚区

(续表)

业态创新模式	基本含义	举例	出发点和侧重点	适应对象
业务融合式	企业为获取规模经济和范围经济在某一产业范围内业务上的联合	旅行社＋航空（旅游航运公司）、会展＋酒店（会议型酒店）、演艺＋主题景区（旅游演艺公司）、旅游＋地产（旅游房地产公司）	化解风险范围经济	归属第三产业的大型企业或综合型企业集团
俱乐部式	为吸引特定的人群而成立并为其服务的具有一定内部开放性的组织	"汽车营地"服务商、自驾车俱乐部、"俱乐部式"餐饮/酒店、老人俱乐部式公寓、换房旅游俱乐部、海上游艇俱乐部	特定团体群体价值	行业协会、自发性组织

二、创新旅游服务体系

与传统的景点旅游不同，全域旅游更强调旅游目的地空间的开放性，处处都是旅游环境。因此，全域旅游必须以完善的旅游公共服务体系作为支撑。为此，在贯彻全域旅游理念时，旅游目的地至少要做到以下两点。

（一）加大政府对基础性旅游公共服务的投入

基础设施是旅游业能顺利发展的必要保证，全域旅游的实践离不开基础性旅游公共服务的投入。全域旅游是政府主导和推动下的旅游新模式，在践行全域旅游理念时政府首先要加大对基础性旅游公共服务的投入。这些投入至少应包括：旅游网站、智慧旅游系统等旅游信息获取平台和旅游咨询中心、呼叫中心等旅游咨询体系的建设；旅游集散中心、旅游道路、旅游交通引导标识等交通便捷服务体系的构建；公益性城市公园、游憩绿道、文化场所、休闲街区等惠民便民旅游服务设施的修缮等。

（二）发挥市场作用，拓宽旅游公共服务的投入渠道

尽管政府在旅游公共服务的投入方面起着举足轻重的作用，但市场的力量仍不可忽视。为了更好、更快建立和完善目的地旅游公共服务体系，在推进全域旅游的过程中务必要重视市场作用的发挥。例如，在停车场、旅游观光巴士、旅游厕所、旅游保险、旅游紧急救援等领域积极稳妥推进 PPP 融资模式，多渠道吸引民营资本参与到项目建设中，提高效率、降低风险，这也是更加有力地践行全域旅游全民"共建共享"的理念的体现。

三、创新旅游规划体系

旅游规划是地方旅游发展中不可或缺的一环。在推行全域旅游的过程中，需要借助于创新的旅游规划体系。

（一）创新区域旅游规划框架体系

虽然中国旅游规划的框架体系已基本成熟，但随着全域旅游时代的到来，传统旅游规划体系必然要经历一系列变革和创新。

1. 在规划边界方面的创新

传统的旅游规划多局限于省、市、县等行政区域，边界效应十分明显，规划效益较低。在地区旅游规划中，又多以某处旅游资源为中心来展开规划。在全域旅游模式下，旅游规划首先应突破资源所处的地界，将全地域作为规划范围，同时应积极探索打破行政区域的限制，实现旅游目的地的行政跨界。

2. 在规划指导思想方面的创新

在传统旅游规划中，历次党的代表大会、政府工作报告、全国人民代表大会和政协会议所传递出的信号，以及国家的五年发展规划、中长期发展规划都是指导思想的重要指引。全域旅游理念下的旅游规划指导思想仍然要紧密跟随国家的政策，同时还要注意关注业界出现的新动态和新思想。

3. 旅游规划的空间布局创新

传统旅游规划的空间布局基本上都采用基于点轴理论的"点—

线—面"模式，这种模式适合于传统的景点景区旅游，不适合于全域旅游模式。在全域旅游模式下，旅游客流并非是完全停留于某个核心旅游点，而是不断由核心区域向外围腹地扩散，主要旅游景区的承载压力得以缓解，环城游憩带和广大乡村地区成为游客分流的重要承载区域，成为旅游吸引物的重要组成部分。因此，全域旅游思维下的旅游规划空间布局模式也亟待创新。

4. 客源市场定位的创新

传统的旅游规划采用同心圆的市场定位方式，认为目标市场遵循旅游客源空间距离衰减规律。但在全域旅游模式下，随着自驾旅游时代、高铁时代、智慧时代的到来，空间距离对客源的影响越来越小，新常态下的旅游客源市场遵循的是时空衰减规律，主要的目标市场在空间方面呈现出离散状分布。这给全域旅游理念下的旅游规划定位提出了新的要求。

5. 旅游产品和项目创新

在全域旅游模式下，旅游规划更倾向于设计和开发休闲、度假等复合型旅游产品和项目，重视产品与项目在新、奇、特方面的体现。旅游规划要根据市场需求和区域条件，重视特色旅游产品的开发，重视对最新理念和技术的使用，重视旅游者的旅游体验和情景设计。在时间方面，不能再像传统旅游规划那样只重视白天和旺季旅游项目的开发，也要重视夜间和不同季节的旅游项目设置。在旅游产业的发展方面，要重视旅游产业与区域内其他产业的有效整合。

（二）创新旅游规划要素

"吃、住、行、游、购、娱"是典型的传统旅游六要素，这是以往旅游规划中必须要考虑的重点内容。但是，在2014年国家提出经济"新常态"后，旅游产业的转型升级成了必然，传统的旅游六要素不再能满足新时代的旅游规划要求。在这样的背景下，李金早先生在2015年的《全国旅游工作会议工作报告》中提出，在现有"吃、住、行、游、购、娱"旅游六要素基础上概括出新的旅游六要素："商、养、学、闲、情、奇"，并认为前者为旅游基本要素，后者为旅游发展要素或拓展要素[①]。

这六要素中,"商"是指商务旅游,包括商务旅游、会议会展、奖励旅游等旅游新需求、新要素;"养"是指养生旅游,包括养生、养老、养心、体育健身等健康旅游新需求、新要素;"学"是指研学旅游,包括修学旅游、科考、培训、拓展训练、摄影、采风、各种夏令营冬令营等活动;"闲"是指休闲度假,包括乡村休闲、都市休闲、度假等各类休闲旅游新产品和新要素,是未来旅游发展的方向和主体;"情"是指情感旅游,包括婚庆、婚恋、纪念日旅游、宗教朝觐等各类精神和情感的旅游新业态、新要素;"奇"是指探奇,包括探索、探险、探秘、游乐、新奇体验等探索性的旅游新产品、新要素[②]。

在全域旅游的规划中,除必须要考虑传统六要素外,还需要考虑这些新出现的旅游要素。可以预见,随着旅游业的不断升级,今后还会出现更新、更多的旅游要素,全域旅游理念下的旅游规划应该要关注这些新成果,并将之体现到旅游规划的创新中。

(三)创新旅游规划的技术与方法

最早在我国的旅游规划中被广泛使用的规划方法是旅游地生命周期理论、门槛分析法,伴之以可持续发展理念、生态伦理思想等。随着科学技术的不断发展,新知识、新技术不断涌现。在全域旅游理念下,旅游规划应更加重视对这些新知识和新技术的运用。大体来讲,这些新技术和新方法包括:人类学、社会学、生态学等学科的最新成果,大数据、虚拟现实、遥感技术等最新技术,线性理论、博弈论、区位商等先进的方法和工具,政府、投资者、旅游利益相关者共同参与规划的理念。

(四)适应"多规合一"趋势

传统的旅游规划多为单一的旅游产业规划,与地区发展的其他规划关联程度不高。2014年,中国正式开展市县"多规合一"试点工

[①] http://www.china.com.cn/travel/txt/2015-01/16/content_34575800_2.htm.
[②] 此观点虽然为多数人接受,但也受到了一些权威人士的质疑,如国家旅游局旅游规划专家王兴斌对此即有不同的看法,可见 http://finance.sina.com.cn/roll/20150130/094621436527.shtml.

作,旅游规划行业也迎合趋势,注重旅游规划与相关规划的关联度[①]。在全域旅游思维下,旅游规划应高度重视与地区主体功能区规划、社会经济发展规划、城乡发展建设规划、环境保护规划、文物保护规划等综合性规划的对接和融合,实现在"多规合一"要求下的全域旅游规划创新。

四、创新旅游盈利模式

传统旅游的盈利模式主要是门票经济,收入单一,旅游需求价格弹性较大,旅游目的地竞争压力大,盈利困难。在全域旅游模式下,旅游目的地打破了传统的景点景区模式,探索新的盈利模式就成了必需。

(一)从单纯的门票经济走向服务经济

全域旅游是突破门票经济的有力平台,同时也迫使旅游目的地探索新的盈利模式。李克强总理在首届世界旅游发展大会开幕式上的致辞中提到:现代旅游业是融合一二三产业的综合性产业,这是一种新经济,不仅促进农产品消费和升值,也带动更多适应群众需要的工业品开发,其关联产业达110多个,对餐饮、住宿、民航、铁路客运业的贡献率都超过80%[②]。在全域旅游模式下,要充分发挥旅游产业的这种带动作用。

全域旅游理念下,旅游目的地在打开景区围墙后,要真正实现"区景一体、产业一体",从门票经济向服务经济转变。要做到这一点,就需要从旅游的前端、中端到后端,通过"旅游+"的发展模式,形成完整的信息链、产业链、人口流动链和资金链。同时,在产业布局上形成以旅游、信息、交通为要素的网状结构,实现全域旅游的经济增长不仅仅是门票经济,还是服务经济、产业经济。

总之,全域旅游下的旅游盈利模式不应再是旅游核心业务在单打独斗,而是联动了区域内所有产业共同协作发展。在这方面,马宏

[①] 冯立新,任劲劲.2000年以来中国旅游规划创新热点研究[J].云南地理环境研究,2017,29(1):16-21.
[②] http://www.xinhuanet.com/politics/2016-05/20/c_1118898593.htm.

丽基于长尾理论提出的旅游产业盈利模型或可对旅游目的地有所借鉴，如图 2-2 所示[①]。

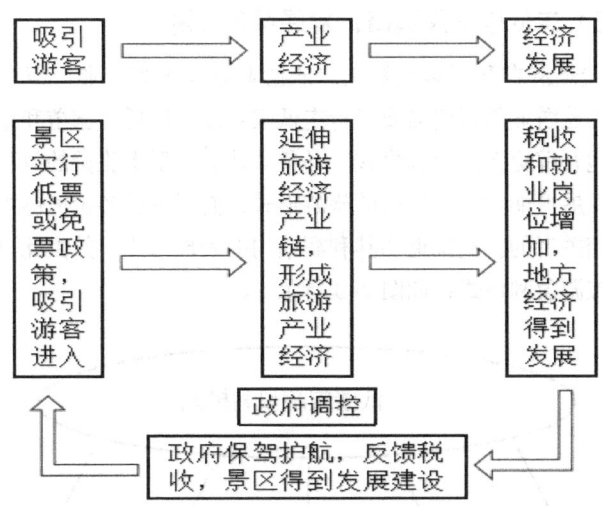

图 2-2　基于长尾理论的旅游产业盈利模型

（二）从一次性观光消费走向重复性休闲消费

传统的旅游多是一次性走马观花式的旅游，旅游者的消费内容单一，既无法实现个人消费的有效满足，也无法为旅游目的地带来足够的收益。但是，随着经济新常态的到来，我国旅游业的发展已经从"观光游"走向"体验游"，"团队游"走向"深度游"，旅游需求市场已经发生了深刻的变化。当今的旅游者更在乎旅游过程的整体感受，也对其在旅游目的地停留的各个环节与内容都保持着较高的热情。

因此，在全域旅游发展理念下，区域旅游要更加重视服务体验与文化体验的设计，在旅游者与旅游地彼此契合的过程中，促使他们把一次性的观光消费走向重复性的休闲消费。为此，旅游目的地要重

---

① 马宏丽.长尾理论视域下河南旅游产业盈利模式创新研究[J].河南工业大学学报（社会科学版），2018，14（2）:50-55.

视全域范围内旅游产品的深度开发，提升旅游的内在价值；要注重构建信息化管理体系，提升旅游竞争力；实现地区各产业规范化运营，不断提升全域旅游的盈利能力。

（三）走低碳发展道路，发展绿色经济

低碳经济在我国早就提出。旅游业本是无烟产业，但全域旅游理念下的旅游业发展仍需要坚持走低碳路线，以低碳旅游和绿色经济为目的地开辟更多的盈利模式。马勇等认为，低碳旅游的盈利模式是指通过发展低能耗、低污染的旅游形式，而形成的各价值链主体和企业利益相关者的获利渠道和其利润结构的表现形式。并由此总结了五种低碳旅游盈利模式，如图2-3所示[①]。

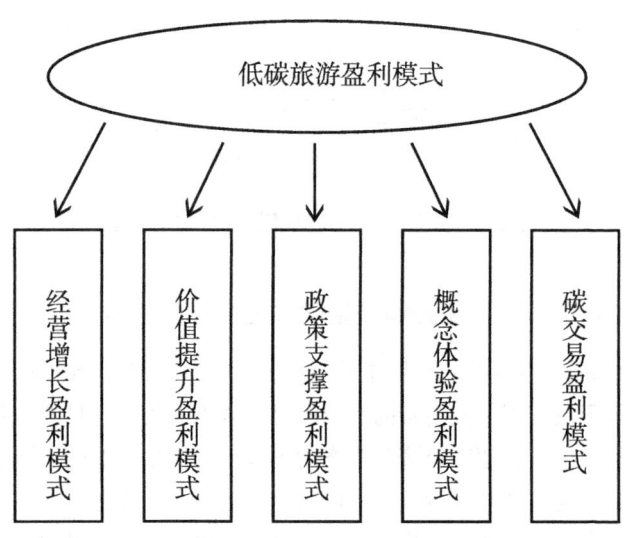

图2-3 低碳旅游盈利模式

图2-3中，经营增长盈利模式是指旅游企业在传统的经营过程中通过发展低碳旅游来降低营业费用或增加营业收入来实现提高利润的目的；价值提升盈利模式是指旅游企业发展低碳旅游有利于其承担更

---

① 马勇，王宏坤，陈小连.中国低碳旅游盈利模式的创新思考[J].中国人口·资源与环境，2011，21（S1）:199-201.

多的社会责任和树立良好的企业形象，从而获得更多的美誉度和信任度，得到更多游客的认同，这对发展全域旅游的目的地来说无疑也是如此；政策支撑盈利模式是指政府为鼓励低碳旅游而给予旅游企业的各项优惠政策能为旅游企业带来的收益；概念体验盈利模式是指旅游企业将旅游产品或服务的特点与低碳相结合而提炼出一系列科学、完善的概念体系，并通过向目标市场营销这些概念体系而获得盈利；"碳交易"盈利模式是围绕温室气体减排额所产生的系列交易行为而给企业带来的盈利。

这些盈利模式是站在旅游企业的角度提出的，若对它们稍作修改，均可被发展全域旅游的目的地所使用。

五、创新旅游市场治理方式

一直以来，旅游市场的欺客宰客、不正常低价旅游等干扰正常市场秩序的情况广泛存在并屡禁不止。在全域旅游模式下，旅游市场所面临的交易关系更加复杂，旅游市场秩序的治理工作更加繁重。因此，必须创新传统的旅游市场治理方式，查处旅游市场突出的违法违规行为，维护良好旅游市场秩序、提高旅游者满意度、提升旅游服务质量，维护旅游目的地的良好形象，实现旅游目的地的可持续发展。

在旅游发展新常态下提出的"1+3"模式可算是旅游市场综合监管的"创新体"，在各地全域旅游推进的过程中可酌情考虑采用。

"1"是指原地方旅游局，现已更名为旅游发展委员会或相关名称。

"3"是指旅游警察、旅游巡回法庭、工商局旅游分局。

"+"有两层意思：其一是"旅游委+旅游警察、旅游巡回法庭、工商局旅游分局"，构建旅游市场监管的创新体系；其二是旅游市场秩序+公安、工商、法院等专属职能，这个"+"，不是简单的叠加，而是把这些专属职能因地制宜地融入旅游市场秩序整治中。

在此基础上，一些地方推出了"1+3+N""1+3+N+1"等模式，是这些地方在发展全域旅游时对旅游市场治理的有益探索。

六、关注旅游发展利益共享机制等其他方面的创新

全域旅游是全民共建共享的地区发展新模式，其发展必须考虑如何能带动区域所有人的利益增长，而不是仅仅局限在旅游从业者内部。只有实现了利益共享，才能调动区域内所有人员对全域旅游发展的积极参与。此外，也还要关注其他方面的创新。

总之，全域旅游是国家旅游部门立足现实、面向未来做出的重大战略决策，其本身就是发展理念的创新，也是发展模式的创新。不论是理论分析，还是从全域旅游的发展实践来看，全域旅游的核心都是创新。只有以创新的理念、创新的举措来推进全域旅游，才能将旅游业培育成为新常态下旅游目的地经济社会转型的关键驱动力。

第三节　全域旅游的内容

作为新常态下的区域社会经济发展的新理念和新模式，全域旅游的核心是创新。但如果对全域旅游的研究仅停留于此，我们将发现它仍然无法指导旅游实践活动。如要借助"旅游+"创新旅游业态，到底能"+"些什么？要创新旅游服务体系，到底为谁服务？要创新旅游盈利模式，到底涉及哪些主体？换句话说，如果要在实践中切实贯彻全域旅游理念，到底应该从何处着手？要发展好全域旅游，应该从哪些方面努力？要弄清楚这些问题，就有必要对全域旅游的概念做进一步研究，对"全域"两个字做进一步阐释，弄清楚它所包含的基本内容。

在这个方面，有很多学者都做了有益的研究。厉新建等人通过研究，认为要真正实现全域旅游理念的落地，要在全要素、全行业、全过程、全方位、全时空、全社会、全部门、全游客8个方面进行落实[1]。其他学者纷纷跟进，提出了大量类似的看法和观点。本书通过

---

[1] 厉新建，张凌云，崔莉. 全域旅游：建设世界一流旅游目的地的理念创新——以北京为例[J]. 人文地理，2013，28（3）:130-134.

分析前人的研究成果，从全域旅游模式和理念的本质出发，将全域旅游的内容总结为"十全"，即全游客、全区域、全部门、全行业、全社会、全资源、全要素、全方位、全时空、全过程。这 10 个方面，全面回答了全域旅游建设的如下 5 个方面的问题：全域旅游为谁服务？在多大的地域范围内实施？有哪些参与者？要动用哪些资源？要建设成为什么样子？如表 2-2 所示。

表 2-2　全域旅游的内容

全域旅游建设的问题（4W1H）	全域旅游建设的内容
为谁服务（Whom）	全游客
在何处实施（Where）	全区域
由谁来实施（Who）	全部门、全行业、全社会
实施的资源凭借（What）	全资源
如何建设？（How）	全要素、全方位、全时空、全过程

一、全域旅游为谁服务——全游客

任何商业模式都需要考虑目标市场的问题，发展全域旅游首先要考虑的是为谁服务？传统的旅游业所服务的主要目标市场是旅游者，是出于非商业目的而前往异国他乡做短暂停留的非本地居民，而本地的居民仅仅是服务的提供者。但随着时代的变迁和我国经济新常态的到来，旅游业发展的目的在转变，在此背景下推出的全域旅游发展模式和理念也必然有不同于以往的新特征。这种新特征，首先就表现在目标市场的转变，由传统旅游单纯为外地游客服务转变为为同时向游客和本地居民服务，也就是"全游客"。

所谓"全游客"，是在推行全域旅游的过程中，要打破传统旅游业主要为非本地居民的游客提供服务的模式，将外地游客和本地居民同时作为旅游行业的目标市场和服务对象。原因如下。

首先，它是新矛盾下地区发展旅游业的必然要求。发展旅游业的根本目的是促成地区的发展和进步，为地区人民生活质量的改善和提升做贡献；即使是传统的旅游业，为外地游客提供服务的目的也主要是为本地的经济发展和建设积累资金，并最终推动本地社会经济的全方面发展。党的十九大报告指出，我国当前的主要矛盾已经转变为"人民日益增长的美好生活需要和不平衡不充分的发展之间的矛盾"，地区发展旅游的目的已经不再主要是奔着经济效益而去，而是推动地区科学良性地全面发展。所以，在发展旅游及相关产业时，已经不再仅仅是将服务对象锁定为外地游客，本地居民的需要也应该成为全域旅游建设的重要内容。

其次，它是地区旅游打造特色、增强竞争力的重要途径。传统旅游业的发展一味追求市场满意，而主要的目标客源市场又相对集中，旅游需求呈现出较大的趋同性；而所有旅游目的地为了迎合这些需求，在产品的设计和打造上也呈现出惊人的一致性。这就导致了到处都是"孔雀舞"、到处都是"水上乐园"的一阵风式的旅游项目建设风潮。各地吸引物项目趋同、恶性竞争又大大降低了旅游者的旅游获得感，旅游业的发展会陷入恶性循环。但是，如果将本地居民的需求也考虑到旅游项目的开发中来，情况就会很不一样。一般情况下，每个地区都应该有独特的风俗民情，居民都有自己独特的起居生活习惯、休闲娱乐方式，这些独特的日常必然会产生独特的需求，形成地区独特的魅力。

要实现"全游客"，在打造全域旅游模式的过程中，要做到以下几点：在分析旅游市场需求时，要兼顾主要目标市场的游客和本地居民的休闲娱乐需求；在旅游项目的打造中，除要发挥精品旅游资源的优势外，更要重视打造一批旨在为本地居民日常休闲娱乐的各类项目；在旅游活动的开展中，要引导外地游客转换身份，像本地居民那样去"深度旅游"，更好体验本地文化，提升旅游获得感；在地区文化传播方面，既要凸显本地社会文化的各种特点，又要注意开通渠道、有效促进外地居民与本地居民的文化交流和理解，产生良性的文化共鸣。

二、全域旅游在多大的范围内实施——全区域

张辉等认为,全域旅游不在"全"而在"域"[①]。这里的"域"就有一点专门提到了全域旅游的实施范围。全域旅游是一种地区全方面协调发展的社会经济发展模式,其推进必然是在全地区范围内展开。这里的"全区域",主要是行政区域内而言,如全省、全市、全区、全县等。因为全域旅游的推动主要是政府主导,以行政为界限来开展各项工作能更加高效。

全域旅游的全区域推动是由当前我国旅游业发展的实际情况决定的。在以"观光"为主要需求的背景下,一个地区的旅游活动是由交通线路将该地区的不同景点串联在一起,以旅游线路图的形式来呈现的。这种模式让游客的旅游活动只停留于固定的线路,其旅游的深度难以体现,要融入当地则更加不可能。而当今我国的旅游已进入以"体验"为主的时代,除精品的旅游吸引物外,游客更希望能全面了解旅游地的状况和深入体验旅游地的文化,旅游者所期望的不再是一处旅游景点或几条旅游线路,而是综合的旅游目的地。

全域旅游的全区域打造,要求要将旅游目的地作为整体,在将优势旅游资源作为独立吸引物的基础上,开展该地域的整体打造,实现全区域范围内的旅游整体升级。同时,有条件的地方可以打破行政界限,尝试在更大区域范围内推进全域旅游示范地。目前,我国最大的全域旅游示范区是以省级为界。当全域旅游发展到较高的阶段后,可以打破省级行政界限,以华东、西南等地区为范围打造更广范围内的全域旅游示范区。

在理解"全区域"这一内容时要注意,它并非是在区域内处处搞景点、处处建项目,而是要在旅游要素和产业布局的重新布置之后,去充分发挥它们的休闲功能、度假功能,形成休闲社区、特色小镇、旅游综合体等多种旅游产品,形成良好的公共旅游自助服务体系。也

[①] 张辉,岳燕祥.全域旅游的理性思考 [J].旅游学刊,2016,31(9):15-17.

不是区域内所有地方不论条件，都同步推进项目上马，而是要通盘考虑、分步推进、顺序而为[①]。

三、全域旅游的实施主体和参与者——全部门、全行业、全社会

由前文的全域旅游概念，可以看出我国全域旅游的推进工作是由政府主导、全部门实施，由全行业、全社会共同参与的地区社会经济发展新模式。

（一）全部门

所谓"全部门"，是指政府主导下的相关管理部门都要参与到全域旅游建设中来。对于发展全域旅游的地区来说，政府扮演着目标的设计者、线路的规划者、任务的分配者等主导角色，政府各相关部门都要在本地区全域旅游的建设工作中承担有一定的任务。

在诸多政府部门中，旅游发展委员会等涉旅部门仍然是最为核心的部门，其承担着全域旅游的全盘设计、出台政策路线、谋求相关支持、分步推进工作等重要任务。而相关部门也要加入进来，从本部门的职能角色出发，充分发挥本部门专业优势和资源优势，为本地区全域旅游的建设工作添砖加瓦。

要求全部门参与，并不是要求所有部门都放弃或弱化自己的本职工作、全身心投入到本地"旅游"工作中来；而是要求这些部门在安排和布置本部门工作时，要考虑到全域旅游这个地区社会经济发展大局，为本地区全域旅游的顺利推进最大限度地创造条件。

要求全部门参与，也不是说参与其中的每一个部门都扮演着同等重要的角色，都做着一样的工作；而是要在制度上规定各个部门在目的地开发建设中的义务、目的地营销中的角色分工，尤其是要各个部门在全域旅游战略理念推广、全域旅游市场推广中的角色和义务作出明确规定，要形成全域旅游推广的规范性文本，以便各部门在对外

---

① 李金早.全域旅游大有可为.https://mp.weixin.qq.com/s?__biz=MzA4ODA3NTIwMA%3D%3D&idx=1&mid=2257483977&sn=e69e2f33bfb0e1fb37e28a4977b4f133.

联络推广时统一口径,形成目的地旅游的统一形象[①]。

相关部门不应将参与全域旅游建设工作当作是负担,因为各部门在全域旅游推进的过程中也能有所收获、通过旅游业的发展来提升自我价值。

(二) 全行业

所谓"全行业",是指在全域旅游模式的推进中,目的地的全部行业均应该加入,并同时从旅游的发展中获得足够的收益,最终实现地区全行业的共同发展和进步。旅游业本身是带动性很强的行业,它的发展既离不开相关行业的支持,又会对相关行业产生巨大的反哺效应。在"旅游+"流行的当下,旅游与农业、工业、商业、手工业、房地产行业等行业的联系越来越紧密,很多行业中均孕育着诸多"旅游"的因素,可与旅游业深度融合发展,彼此扶持、共同进步。

例如,在传统发展以农业为主的地区,可以发展"旅游+农业",推进农业旅游、森林旅游、生态旅游等基于农业的旅游发展模式;在以工业为主的地区,积极推进工业旅游,探索旅游与工业深度融合。一些贫困地区,可以充分发挥其传统资源优势、加快传统产业升级,借助全域旅游推动"扶贫"工作。

在推动"全行业"参与全域旅游的过程中,要注意保持原有优势产业的特色、寻求其与旅游产业融合的最佳方式,要防止在"旅游+"的过程中舍本逐末、丧失产业原有的竞争优势。行业与旅游的融合,是为了达到"1+1>2"的效果,而不能为了旅游放弃了原有的长处。

在践行全域旅游的理念时,不能要求所有行业同时发展、齐头并进。而要因地制宜地开展工作,做到有计划、有顺序地逐步融合。全域旅游不是一阵风,不是一个阶段性的运动式发展,而是立足长远、旨在促成地区社会经济全面发展的新型模式,不应该在短时间内追求所有行业均能与旅游实现完全挂钩,也不要追求旅游在短时间内能完成对全行业的有力带动。这需要一个过程,需要理智的计划和有效的逐步推进。

[①] 厉新建,张凌云,崔莉.全域旅游:建设世界一流旅游目的地的理念创新——以北京为例[J].人文地理,2013,28(3):130-134.

在实际工作中，目的地首先要对本地区旅游自身的业态进行培育和发展，进行新业态的开发与引进，这是实施全域旅游、推动旅游产业转型升级的重要动力；其次，以泛旅游产品引领大产业发展，延长产业链条，打造集多要素为一体的全产业链条；最后，走向全行业与旅游的深度融合，提高区域整体的市场体验价值和市场竞争能力。

（三）全社会

所谓"全社会"，是指贯彻全域旅游理念需要发动目的地全社会力量的广泛参与，提高区域内所有人参与建设的积极性，发挥区域内每一个个体的主观能动性，全区域一盘棋，实现真正的共建共享[1]。

以往的旅游发展模式主要以旅游主管部门和旅游从业人员的建设为主，没能充分调动全社会力量的参与。所以在实际旅游发展过程中，经常感觉到创意来源有限，无法得到最广泛的社会支持，甚至出现了一些地区居民阻挠旅游发展，与旅游发展唱反调的事情，旅游行业的发展困难重重。在这样的发展模式下，旅游业发展的负面影响较多，创新动力不足，其所带来的各方面效益发挥都十分有限。

在全社会参与模式下，旅游业能最广泛征求全社会的旅游发展创意、充分发挥智力优势；能最多渠道地吸收社会闲散资金、多元化旅游融资模式；能充分激发大家的主人翁意识、增强大家参与建设的积极性；能最大限度地获得民众的支持、减少旅游发展的阻力；能最全面地分享旅游发展成果、促成全社会的共同进步。

在开展"全社会"共建全域旅游的过程中，要注意宣传教育工作的重要性。相关主管部门要在全社会范围内积极宣传推广全域旅游发展理念，让民众理解并主动参与到建设工作中来；切忌不顾实际强力推行、硬性分派，在民众还不能理解的情况下用力过猛。同时，要努力创新，积极探索全社会共建共享的渠道、方法和路径，让"全社会"能真正落到实处。

四、全域旅游的发展凭什么——全资源

在传统旅游发展模式下，人们把旅游资源局限于"自然"和"人

---

[1] 崔振波. 全域旅游的博弈需上下共谋一盘棋[N]. 辽宁日报，2016-12-29（011）.

文"两个方面，随着旅游体验活动的不断拓展，旅游地社会本身也已经成为旅游资源[①]。例如，目的地独特的社会经济地位，完善的公共服务体系，居民热情好客的社会环境等，均能成为吸引外地游客的重要内容。

因此，发展全域旅游，要有全新的"旅游资源观"。李庆雷等对我国旅游资源观的演化历程进行了分析，并从理论和实践两个层面对我国旅游资源观的发展进行了论述[②]。在实践发展中，我国多旅游资源的认识在不断丰富和发展。在旅游业发展初期，旅游资源被简单分为自然和人文旅游资源两个方面；到20世纪80年代《红楼梦》等影视剧走红，影视基地、主题公园等人造资源开始进入人们的视野；随着改革开放的深入，东部沿海地区的新型建筑，如东方明珠塔、金茂大厦等社会经济建设成就成为重要的旅游吸引物；随后，博览会、大型体育赛事等节事活动也催生了诸如亚运村、园艺博览园等新型旅游资源的产生；2005年，国家旅游局公布首批工农业旅游示范点名单，标志着对旅游资源的认识有了新突破；再之后，众多的社会资源被旅游产品化，创意产业园、传统街区改造、城市河流整治等城市更新中的休闲旅游导向也提供了更加丰富的旅游资源来源，温泉、负氧离子、康乐气候等全新的休闲度假环境也进入了人们的旅游资源范畴。

可见，随着社会的发展，人们对旅游资源的认识在不断扩展和深化。在全域旅游发展中，要不断转变旅游资源观念，拓展对旅游资源涉及领域的认识。张永奇将旅游资源分为"先天"和"后天"，全域旅游发展中尤其要重视对整个区域内如下后天旅游资源的应用：对自然和人文景观审美缺陷或休闲环境不足的充实、弥补、修饰、再造、完善；旅游基础设施、接待设施和周边环境的旅游亲和力；旅游交通、旅游餐饮、旅游接待、旅游安全、导游服务素质等旅游服务类型和水平档次；旅游活动长期积累的品牌资源、星级A级认证，以及旅游

---

① 娄阳，王福明，刘鑫.全域旅游：理论基础与实现路径[J].克拉玛依学刊，2017，7（4）:17-21.

① 李庆雷，张明，来逢波.我国旅游资源观演化历程分析与启示[J].浙江旅游职业学院学报，2011，7（4）:9-15.

目的地的各类文化品牌、旅游线路的价值含量[1]。

除对旅游资源要有全新的认识外，"全资源"还涉及全域旅游发展中所需要借助的其他人、财、物等各项资源。需要注意的是，这些人、财、物资源并非仅仅局限于区域内部，而是指区域通过各种途径和方式能够获取的资源。例如，区域可以增强自身吸引力，从先进的发达地区或高等学府引进全域旅游发展的人才；或通过采用先进的资金融通方式引入外地资本加入到本地全域旅游的建设中来。

五、全域旅游要建设成什么样子——全要素、全方位、全时空、全过程

在解决了为了谁、谁来做，并充分了解了全域旅游的资源凭借后，接下来需要探讨的问题是如何做，也就是到底应该把全域旅游打造成什么样子。要解决这个问题，可以从"全要素""全方位""全时空""全过程"4个方面努力。

（一）全要素

所谓"全要素"，是指全域旅游建设中，要紧密围绕旅游活动开展的所有要素来设计旅游产品和开发旅游项目。前文在论述"全域旅游的核心"时已经说明，当前的旅游活动要素已由传统的"吃、住、行、游、购、娱"增加为"商、养、学、闲、情、奇"。全域旅游的开发中，除了要关注传统六要素的设计外，更要重视新六要素的研发。传统六要素的具备是发展好全域旅游的基础条件，新六要素的具备是发展好全域旅游的上层条件。

传统六要素的开发已有很多论述，这里谈一谈如何促进新六要素的开发[2]。

商：首先，要加强区域旅游品牌形象的对外宣传和推广，积极推介区域的城市环境、会展业扶持政策和良好的商业环境，完善城市

---

[1] 张永奇."先天"与"后天"统一的旅游资源观及其作用与应用[J].度假旅游，2019（3）:160-162.
[2] 王应霞.新旅游发展六要素角度下的梅州客家文化旅游产品提升发展研究[J].商场现代化，2017（24）:175-177.

配套设施与服务，打造良好的区域外对形象。其次，大力发展旅游电子商务，为旅游电商提供完善的软、硬件环境和法律环境，通过多种渠道加大对区域特色商品的线上推广与销售力度。探索"互联网+旅游"的新型消费模式，支持互联网旅游企业通过对上下游及平行企业信息、资源、要素和技术的整合，打造新型互联网旅游龙头企业。

养：推动区域旅游与养生的融合发展。积极开发本地养老旅游资源，探索商业养老旅游、健康养生旅游等多种养生旅游产品，推动养生+山水观光、养生+休闲度假、养生+生态体验、养生+体育运动等多方面结合，打造国际化水准的医疗养生旅游品牌。

学：推动区域旅游与教育的融合发展，发展修学旅游、红色革命爱国主义教育旅游等。充分挖掘本地优秀文化资源，在国学、名人故居、红色文化等与时代潮流紧密挂钩的旅游资源开发方面加大投入，建设一批特色鲜明的研学旅行基地，推动各类研学基地与旅行社的深度合作，将修学旅游纳入旅行社常规业务范围。

闲：发展区域休闲旅游产品和都市休闲、度假产品。在全域旅游推进过程中要因地制宜，体现区域旅游的乡土性、文化性、体验性、休闲性。乡土性体现在建设旅游特色小镇和乡村旅游示范村，打造乡村精品民宿、乡村客栈。文化性可依托区域饮食、民居、服饰、习俗特色，营造区域特色文化氛围；体验性可表现为结合当地产业特色，发展农田或产业园区租赁，让旅游者有机会参与到本地的日常生产和生活中去，并从中获得原汁原味的风土体验。休闲性可依托本地的特色资源，完善各项旅游设施，开发多种度假业态，为游客提供观光、休闲、度假、体验、娱乐、健身等多项需求的旅游经营活动。

情：目的地要充分结合本地资源特征，借助遗址遗迹、宗族乡情、民俗文化，开发婚庆、婚恋、纪念日旅游、宗教旅游等各类精神和情感的旅游新业态，营造浓厚乡土文化氛围，使游客在旅游中品味美丽乡愁、感受纯真情怀。

奇：利用目的地丰富的山川、峡谷等天然资源，因地制宜地开发山地攀登、探险、考察、科普、拓展、漂流等探险旅游新产品；结合本地特色优势产业，开展特色产业旅游，开展"旅游+特色产业"

项目，满足游客的好奇和探索心理。

（二）全方位

所谓"全方位"，是对旅游者在旅游活动过程中的全部需要都能满足，使旅游者在参观、体验、休闲、学习、生活等各方面均感到满意。从服务旅游者的功能而言，它与"全要素"有些类似，都是指全域旅游要从哪些方面满足游客的需求。但二者又有着本质的不同，主要表现为"全要素"是从旅游供给方的产品开发与设计角度来讨论的，重在考查旅游目的地的整体旅游产品是否完整；而"全方位"是从旅游者需求被满足的角度来分析的，重在考察旅游者的实际需要是否得到了真正满足。

要做到"全方位"，需要围绕"物美价廉"来展开一系列工作。旅游地不仅要提供品质优良、要素齐备的旅游产品或项目，还要创造游客安全、卫生、低价、省时、省事地消费这些产品和项目的条件，为游客提供高性价比的旅游经历。不仅要考虑到游客在旅游中的所得，还要考虑到游客在旅游中的成本，提供真正"贴心"的旅游服务。

（三）全时空

所谓"全时空"，是指在目的地旅游发展的过程中，要在时间和空间两个方面打破传统模式，实现全时间和全空间对客服务。

首先，在时间方面，传统旅游的旅游目的地是实行"8小时经济"，除了少数优秀的旅游地，多数地区的旅游产品和项目均有较强的季节性特征。这一方面大量浪费了游客的旅游时间，降低了游客的旅游获得感，同时也变相减少了游客的逗留时间，减少了旅游地的收益。为了解决这个问题，全域旅游需要推行"24小时+全季节"服务，大力开发夜间旅游产品和淡季旅游产品。具体来说，针对"8小时经济"的服务缺陷，可以通过延长现有产品和项目的营业时间，增加同一旅游产品的不同时段体验感，拉长休闲旅游线条；也可以新开发夜间旅游产品，如夜间演艺、夜市、夜间景观打造等，增加营业项目，提供夜间体验。据心理学研究，夜间人的感情更为丰富，打造夜间的旅游吸引力更容易引发游客的情感共鸣[①]。这也正好可以满足全域旅游开发中对旅游新六要素的"情"的追求。针对旅游地的淡旺季差异，要注意平衡季节性需求，针对季节性强的旅游产品和项目，要做到"旺季抓管理，淡季重营销"；同时要结合本地资源特征，积极探索淡季旅游产品和项目的开发，实现旅游地一年四季"万紫千红花不谢，冬暖夏凉四时春"。

其次，在空间方面，传统旅游盛行的是"景点"旅游，各个景点相互分离、彼此不相干系，既无法给旅游者连续的旅游体验，也导致游客在景点间的移动时需要花费大量的时间，提高了旅游活动的成本。很显然这种情况必须要改变。全域旅游模式下的全空间，主要强调的是旅游产品和项目空间布局的全面性和覆盖性，它要求旅游目的地要形成"斑块—廊道—基质"式的发展格局，以保证目的地各项旅游产品的吸引力与有序供给。在具体工作中，目的地并不是要处处建景点，而是要充分依靠良好的交通体系，增加引力点、构建旅游线、扩建旅游面；同时，要做好旅游信息网络平台、旅游厕所、自驾车营地等设施便民设施的建设规划，实现旅游服务布局全面而人性化的合理设计。

（四）全过程

所谓"全过程"，是指游客在全域旅游目的地能实现从进入离开的全过程美好体验。传统旅游服务中虽然也主张关注游客的全过程感知，但全域旅游下理念对"全过程"提出了更高的要求。要提供"全过程"服务，就要求旅游目的地首先要树立为游客持续服务的意识，不能将为游客服务只停留于一时一地；其次，要求旅游目的地各服务部门和单位要有合作服务的观念，既要重视对自己提供的服务项目的质量把控，又要游客消费其他部门和单位的旅游服务创造好条件；再次，要求旅游目的地要建立完善的服务体系和具备高效的市场治理能力，能及时解决游客遇到的问题和出现的市场纠纷；最后，要求目的地有一支高素质的服务队伍和经营管理队伍，具备向市场提供全过程

---

① 民宿、庄园不可或缺的创意路灯.https://mp.weixin.qq.com/s?__biz=MzIwNTcxNzYwOQ%3D%3D&idx=1&mid=2247483710&sn=30e0a99cd4c927177508d798fb84448.

服务的能力；此外，还要求有一批好客而热情的本地居民。

综上，可以将全域旅游的上述10个方面的内容表示如图2-4所示。

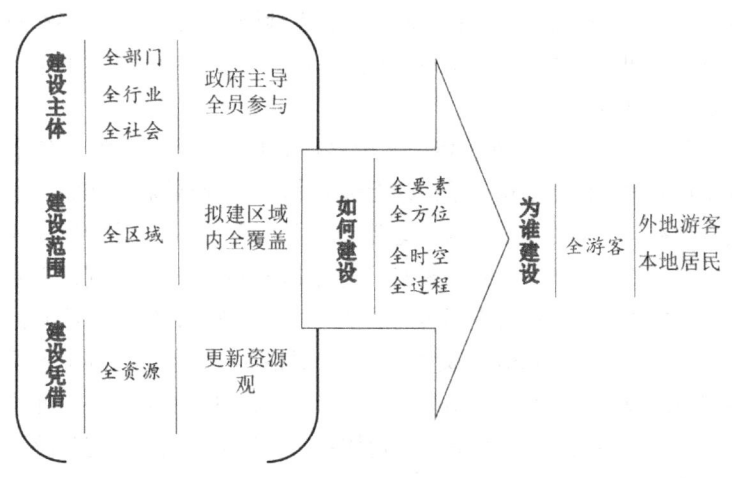

图2-4　全域旅游的内容逻辑关系

第四节　全域旅游的特征

随着旅游时代的整体转型和旅游阶段的成长发展，全域旅游的发展理念和模式已广为人知和深入人心，很多地方都如火如荼地开展了与全域旅游建设的有关各项工作。然而，作为新常态下的地区社会经济增长与结构调整的新战略，全域旅游作为一个全新的载体在具体实践中并无既定的路径可循，各地在实践中的着手点与侧重点也不尽相同。在实际探索过程中，一些地方也确实出现了一些方向错误与路径偏离的情况。

为此，在2017年的全国旅游工作报告中，李金早局长明确提出发展全域旅游一定要避免"八大误区"：一是竭泽而渔、破坏环境；二是简单模仿，千城一面、千村一面、千景一面；三是粗暴克隆，低劣伪造；四是短期行为、盲目涨价；五是不择手段，不顾尊严，低俗媚客；六是运动式、跟风式的一哄而起和大拆大建；七是重推介、重形式,轻基础、轻内容;八是在全域旅游改革中换汤不换药,换牌子不换体制,换机构不换机制,换人不换理念[①]。

因此,为了更好地理解全域旅游理论并有效指导实践,我们有必要探讨其特征。需要说明的是,很多学者认为前文探讨的"全域旅游的内容"即是其特征,这是不对的。我们要探讨全域旅游的特征,应该是探讨这种发展模式和理念的特征,以明确在开展实践活动时应该如何去做事、不能如何去做事;而不是其具体建设中要做哪些事、或不做哪些事。前者讨论的是特征,后者讨论的是内容。就像建设一栋楼宇,其建设内容是要做地基、堆砖瓦、搞装修,而其建设的特征应涉及是采用怎样的手段去施工、秉持了怎样的施工建设理念等。

从全域旅游的概念出发,其特征可以从以下两个方面来进行概括。

一、从全域旅游的"旅游"属性分析其特征

从全域旅游的"旅游"属性来分析,它具有传统旅游业所具备的一般特征,而且是对其传统特征的进一步升华。这些特征如下。

(一)综合性

全域旅游不仅要体现传统旅游六要素的内容,还要体现新六要素的内容,不论是从其参与主体的数量、需要动用的资源数量,还是从其产品内容的丰富程度和服务对象的多样性来看,都具有综合性的特征。

(二)服务性

全域旅游要强化传统旅游中已经具备的服务性特征,以更加优质、全面、周到的服务来赢得市场的认可。而且,全域旅游的服务对象不再仅仅是针对外地游客,也将本地居民纳入服务对象中来。

(三)依托性

与传统旅游业的发展一样,全域旅游的建设也需要依托本地的

---

① 李金早.积极实施"三步走"战略 奋力迈向我国旅游发展新目标.http://www.minqin.gov.cn/Item/64547.aspx.

特色资源,借助政府和全社会的广泛支持。所以,有什么样的资源,就开发什么样风格的旅游产品和项目;政府出台了怎样的政策,其发展就能取得怎样的成果;全社会的支持力度越大,全域旅游的建设速度就越快。

(四)带动性

与传统旅游业的发展一样,全域旅游的发展必然会带动当地其他产业乃至全产业的发展和进步。就地区发展战略考虑层面来看,国家推出全域旅游的目的就是要充分发挥其引爆性和带动性的特征,以旅游作为龙头产业、促进本地区社会经济全面发展。

同时,传统旅游业中所具备的某些特点,在全域旅游中已经不再具备或将不断弱化。如季节性,全域旅游下的旅游产业将逐渐削弱甚至消除季节性的特点,实现"24小时+全季节"的全时间营业,避免传统旅游业淡旺季差异所带来的困扰;如冷热点,全域旅游下的旅游产业也将逐渐弱化区域旅游中的冷热点问题,将区域作为一个整体来打造旅游产品;又如涉外性和经济性,传统旅游的发展主要以外地游客或外国游客为目标市场,有强烈的赚钱动机,全域旅游下的旅游发展将以"全游客"为服务对象,更具有国际视野而弱化涉外性特征,强化全社会各方面进步的综合效应获取而弱化赚钱的经济属性等。

二、从全域旅游的地区发展战略再定位角度分析其特征

从地区发展战略再定位角度分析全域旅游的特征,要体现出该发展模式相比传统发展模式的优越性和先进性。这些特征主要如下。

(一)战略性

推进全域旅游是我国新阶段旅游发展战略的再定位,是一场具有深远意义的变革[1]。国家提出全域旅游的一开始,就是从其地区社

---

[1] 李金早. 全域旅游大有可为. https://mp.weixin.qq.com/s?__biz=MzA4ODA3NTIwMA%3D%3D&idx=1&mid=2257483977&sn=e69e2f33bfb0e1fb37e28a4977b4f133.

会经济全面发展战略的高度出发的。所以全域旅游的发展离不开高层的顶层设计，离不开地方政府的主导引领。

通常认为，战略具有指导性、全局性、长远性、系统性、风险性等特征。一个地区要推动全域旅游的发展，要从战略的高度来进行全局性谋划，在明确地区发展的长远目标和宏观方向的基础上，全方面分析地区发展的内外部环境和自身发展条件，探索实现目标的方法，设计达到目标的路径。不能将全域旅游的建设工作仅仅当作是地区发展的阶段性任务，只是一时、局部的运动式工作，而要重视其系统性特征，注意其推动给地区发展带来的各方面中长期影响；要评估全域旅游建设中可能出现的各类风险，并提前做好应对方案。总之，在具体实践中推行全域旅游工作，要"三思而后行"，要慎之又慎，不能盲目跟风、不搞轻率冒进，始终从部署地区发展战略的高度来推进全域旅游的建设工作。

（二）特色性

传统的旅游发展就重视对特色的追求，全域旅游下的发展模式更重视特色的体现。如果不讲究特色，全国500余个全域旅游示范区可能会建设成为同一个样子，这不仅会使广大旅游者的个性化需求难以被满足，也势必加剧这些示范区之间的恶性竞争，违背全域旅游带动地区发展的初衷。

要做到特色式发展，首先要正视当前旅游市场的个性化需求，改变传统旅游服务的标准化特征，追求类型多样、形态各异、分布广泛、有较为鲜明的个人或家庭化色彩特征的"非标准"旅游产品和服务；其次，旅游开发要立足本地实际，充分挖掘和利用具有本地特色的旅游资源，避免盲从潮流，注意与周边地区相区分；再次，要善于学习，重视创新，对社会经济发展中出现的新观念、新思潮、新理念、新技术要及时学习和灵活运用，积极探索旅游产业和全地区社会经济发展的转型升级新手段，逐步打造格局立体的全域化发展模式。

（三）人本性

发展全域旅游，要体现"以人为本"的思想。传统旅游发展中常以经济的发展为目标,忽略了对人本身的关心,因此出现了旅游目的地欺客宰客的现象,出现了目的地相关利益主体之间的矛盾冲突。全域旅游的发展要全面改善这些情况,真正贯彻"理解人、尊重人、解放人、依靠人、关心人、爱护人、培养人、教育人"等"为了人"的发展理念。

全域旅游的"人本性"可从两个方面来体现,一是更好地满足外地游客的需求,二是更多关心本地居民的发展。在满足外地游客需求方面,不仅要针对旅游市场的需求设计多样化的、体现旅游者最新需求动向的旅游产品,更要从安全、卫生、周到等细节性服务的设计方面体现对旅游者的关心,如建立便捷的旅游地服务平台、开展厕所革命、完善旅游步道建设和旅游标识系统等。在本地居民发展方面,要通过全域旅游的开展,在旅游业发展的带动下提升本地居民收入,增加本地居民的就业,改善本地居民的居住环境、生态环境,提高本地居民的文明水平,拓宽本地居民的个人发展路径,如旅游扶贫就是人本化发展的重要体现。

(四)共享性

这里的"共享",不仅指全域旅游的发展成果为全民所共享,更是指其发展中体现的"共享经济"的特征。传统模式下,旅游的发展受到发展理念、技术、人们的意识等诸多因素的制约,不能充分释放发展的潜能,而随着"共享"时代的到来,社会经济发展模式正经受着深刻的变革,全域旅游的发展也必然呈现出新的特征。

共享经济有如下一些特点:存在剩余价值、重在分享使用权、接近零成本的分享渠道、去中心的点对点信息交互、平等与自愿、建立与解除分享关系简单[1]。"共享经济"鼻祖罗宾·蔡斯女士提出了共享经济的公式,认为共享经济=产能过剩+共享平台+人人参与[2]。在全域旅游模式下,目的地必然存在各种各样的剩余价值,也有大量的居民或企业愿意将这些剩余价值的使用权予以分享,旅游地若能打

---

[1] 共享经济的特点、本质与趋势.http://www.360doc.com/content/17/0520/22/27362060_655675456.shtml.

[2] 共享经济三大特征.http://www.techweb.com.cn/viewpoint/2017-04-06/2509428.shtml.

造高效的共享经济平台、并完善相关的配套政策，旅游地的巨大潜能将被激活和更加充分地释放。在全域旅游建设中，要特别重视对旅游者积极性的调动，借助共享经济的模式将旅游者也转变为旅游产品的"生产者"和"宣传者"，深刻理解移动互联网时代的口碑效应，积极实施"粉丝营销"，加强网络舆情监控。

（五）时代性

当前社会经济发展领域的新观念、新思想、新技术层出不穷，如文旅IP、旅游+、特色小镇、智慧旅游、大数据、VR和AR等计算机仿真技术，全域旅游的发展一定要重视对这些时代新元素的融入，迎合旅游市场需求和时代发展的最新动向。

首先，要重视对旅游和地区发展最新理念的贯彻。如秉承可持续发展理念，针对旅游市场日益流行的自助旅游热潮，多渠道打造地区生态旅游、健康旅游、保健旅游、康乐旅游、文化旅游、体验旅游等热门旅游项目[1]，促成旅游带动全区域发展的有利局面。其次，要重视对最新科技成就的应用。如全域旅游的发展可以借助大数据技术，以全域旅游云平台建设为基础，搭建大数据应用运行平台、全域旅游宣传营销平台、全域旅游智慧服务平台和区域旅游认证监管平台等各大平台，充分整合政务数据资源、社会数据资源、网络数据资源和企业数据资源，通过云平台的建设搭建网络资源池，形成预案库、知识库、专家库、案例库、地理信息库，为企业营销和提供个性化优质服务、游客享受智慧服务、政府实现智能治理与监管提供重要的数据保障和平台支撑[2]。

（六）跨界性

跨界性是全域旅游与传统旅游相比独具的特征之一，也是当前旅游业发展到了新阶段必然具备的特征之一。

童昌华认为，当前中国旅游已经进入4.0时代，即进入了跨界融

---

[1] 世界旅游发展新理念.http://www.360doc.com/content/16/0406/19/2387161_548384544.shtml.
[2] 吕小刚，章燕.大数据背景下智慧旅游发展路径探析[J].度假旅游，2018（2）：127-128.

合发展新时代，并将这个时代的特征总结为四个方面：平台化，即借助互联网、物联网、大数据等现代信息技术搭建各种平台，使旅游业从导游服务为中心转向以平台服务为中心；国际化，积极参与全球旅游治理体系改革和建设；网络化，即通过互联网来提供各种旅游服务；智能化，即智慧旅游的建设[①]。很显然这些特征是全域旅游都应该具备的。

马勇认为，跨界旅游有区域跨界和行业跨界两个渠道[②]。当前的全域旅游发展由于主要以行政区域为界，因此主要体现出行业跨界的特征。在全域旅游发展实践中，可以广泛借助"旅游+电商""旅游+文化""旅游+会展""旅游+N"（N指教育、农业、地产、金融、城镇化、航空、VR、影视、音乐、综艺、医疗、养老等）等跨界发展模式，促进地区社会经济全面发展。

（七）文化性

旅游的发展一直离不开文化，文化是旅游的灵魂。用文化引领全域旅游，探索和实现旅游业与文化产业的深度融合，实现旅游业发展模式的转变，对经济社会发展所起的促进作用举足轻重[③]。文化性是全域旅游的又一本质特征。

2018年4月，中华人民共和国文化和旅游部正式挂牌。随着本轮国务院机构改革中文化部和国家旅游局的整合，文旅融合发展不仅在理念上和产业上实现了更加彻底的推进，而且在国家宏观战略和政策制定以及管理机构设计上，也将进入全新的发展阶段[④]。在这样的背景下推进全域旅游发展，其文化的特征必将更加明显。

为什么全域旅游的发展要尤其突出文化性的特征呢？从本质上说，它是满足人民群众旅游消费需求、促进旅游产业与文化产业转型

---

① 童昌华.中国旅游4.0:中国旅游业发展进入跨界融合新时代[J].当代旅游（高尔夫旅行），2017（11）:28-29.

② 马勇.旅游接待业[M].武汉：华中科技大学出版社，2019.

③ 吴婷婷.文化引领在贵阳全域旅游中的作用研究[J].贵州社会主义学院学报，2018（2）:47-51.

④ 叶一剑.文旅融合与旅游新生[J].中国房地产，2018（20）:51-54.

发展的必然选择[1]。首先，改革开放40年来，我国经济高速发展，人民生活水平全面改善，消费需求不断增长，消费市场规模不断扩大，旅游成为人们生活中的常态；但传统旅游业单靠自然资源为主的吸引力已很难满足当前旅游消费的需要；因此，要在全域旅游的建设中大力开发文化产品，让消费者在旅游的过程中了解当地文化，体验旅游地民俗民风，获得良好的文化体验，更好满足旅游需求。其次，传统旅游产业以旅游观光为核心，住宿、饮食等消费均属于旅游产业的附属，对经济增长的拉动作用较小；而全域旅游模式要求旅游业能有效带动地区社会经济全面发展，必然要求其融合文化产业和相关产业，积极促进旅游产业与文化产业的转型升级。

（八）永续性

全域旅游是一种永续性发展的区域社会经济发展模式，这主要表现如下。

第一，旅游的需求方永不消失，全域旅游发展的市场基础永存。与其他某些进入夕阳阶段的产业不同，旅游、休闲是人们永远不会消失的需要。而随着时代的发展，人们的闲暇时间更多、可自由支配收入增加、个人素质不断提升，对旅游的需求势必更加旺盛。因此，只要目的地能坚持科学的发展道路，健全发展模式，是永不愁市场问题的。

第二，全域旅游的提出初衷之一，就是要实现地区社会经济的永续性发展。全域旅游试图以旅游业的发展为龙头，全面带动地区的综合发展；在这种新思路下，它并不看重一时一地的发展成就，而是更重视长久可持续的发展效果。因此在发展全域旅游的过程中，就一定要坚持可持续发展的基本理念，重视其永续性特征的体现。

第三，全域旅游的发展内容，也决定了其永续性的特征。全域旅游的发展是在全区域范围内，各方面共同参与建设的新型地区发展模式，包含了全要素、全资源、全行业等内容，这些内容又广泛涉及旅游+、智能化等与时代紧密挂钩的新元素。全域旅游的发展时刻关注着时代发展的最新成果，并对这些成果加以应用，必然有着强大的

---

[1] 冯健."文旅融合"该从何处着手[J]. 人民论坛，2018（32）：86-87.

生命力，能保证其永续发展的可能性。

综上，将全域旅游的特征总结为图2-5。

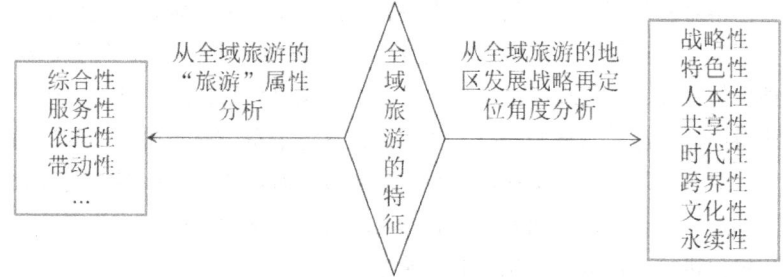

图2-5　全域旅游的特征

第五节　全域旅游的评价

作为一种新的旅游发展理念，全域旅游已经在很多地区得到了实践。以海南为首的一些地区率先进行了全域旅游的实践操作，并取得了较大的成绩。但是，从各地的发展实践来看，由于各地对全域旅游的理解并不一致、凭借的资源存在差异、投入的力量各有大小，因此发展的状况和取得的成绩都各有不同。在百花齐放的发展格局中，应该如何来判别哪一个地方的发展是成功的、哪一个地方的发展还存在问题呢？或者换句话说，到底应该如何评价一个地区的全域旅游发展情况呢？在全域旅游发展理念和模式的实际推行中，这必将是一个绕不开的重要课题。

一、国家层面的有关标准

（一）《关于开展"国家全域旅游示范区"创建工作的通知》的有关规定

在国家推出全域旅游发展理念后，随着各项工作的推进，"国家全域旅游示范区"的创建工作逐渐提上日程。为了进一步发挥旅游业在转方式、调结构、惠民生中的作用，实现旅游业与其他行业产业的深度融合，2015年8月，国家旅游局下发了《关于开展"国家全域旅游示范区"创建工作的通知》（旅发〔2015〕182号），正式开启了推动全域旅游示范区建设工作的大幕。在通知中，国家旅游局提出了对全域旅游示范区的6项主要考核标准，分别是：旅游业增加值占本地GDP比重15%以上；旅游从业人数占本地就业总数比重的20%以上；年游客接待人次达到本地常住人口数量的10倍以上；当地农民年纯收入20%以上来源于旅游收入；旅游税收占地方财政税收10%左右；区域内有明确的主打产品，丰度高、覆盖度广。

可见，该通知从旅游业的GDP贡献、对就业的贡献、接待人次数、对居民个人和地方财政收入增长的贡献进行了定量规定，对全域旅游发展的产品开发成果进行了定性规定。

（二）李金早在《全域旅游大有可为》主题报告中的阐述

在2016年全国旅游工作会议上，时任国家旅游局局长的李金早作了题为《全域旅游大有可为》的主题报告，认为现阶段（做此报告时）推进全域旅游应达到四项基本标准：旅游对当地经济和就业的综合贡献达到一定水平；建立旅游综合管理和执法体系；厕所革命及其他公共服务建设成效明显；建成旅游数据中心。

这几个标准均属于定性标准。李局长认为在全域旅游工作推进初期，至少要在四个方面开展好相关工作，同时也特别强调了全域旅游的"综合贡献"指标。这个指标不简单的旅游增加值占GDP的比重（直接贡献），而是包括直接贡献、间接贡献和引致贡献3个层面。

（三）《全域旅游示范区创建工作导则》的相关内容

2017年5月，国家旅游局下发了《全域旅游示范区创建工作导则》（旅发〔2017〕79号），对各地如何开展全域旅游示范区的建设进行了具体指导。该导则中，虽然没有明确说明如何评价各地的建设成果，但是对创建任务进行了详细的规定，一共规定了八个方面的具体工作：创新体制机制，构建现代旅游治理体系；加强规划工作，做好全域旅游顶层设计；加强旅游设施建设，创造和谐旅游环境；提升旅游服务，推进服务人性化品质化；坚持融合发展、创新发展，丰富旅游产品，增加有效供给；实施整体营销，凸显区域旅游品牌形象；加强旅游监管，切实保障游客权益；优化城乡环境，推进共建共享。

导则是对建设全域旅游示范区的工作进行规定，也可从一个侧面说明对全域旅游的评价可从这些方面来展开。

（四）《国务院办公厅关于促进全域旅游发展的指导意见》的有关意见

2018年，为指导各地促进全域旅游发展，国务院办公厅下发了《关于促进全域旅游发展的指导意见》（国办发〔2018〕15号）。该意见在明确了指导思想和基本原则的基础上，对全域旅游的发展提出了如下要求：推进融合发展，创新产品供给；加强旅游服务，提升满意指数；加强基础配套，提升公共服务；加强环境保护，推进共建共享；实施系统营销，塑造品牌形象；加强规划工作，实施科学发展；创新体制机制，完善治理体系；强化政策支持，认真组织实施。

这些意见也没有对全域旅游的发展水平提出直接的评价标准，主要是对各级政府部门和管理机构如何推进全域旅游工作提出了较为详细的要求。但是，从这些要求中，可以看出国家希望从哪些方面来做好全域旅游工作，也从一个侧面反映了在对全域旅游发展状况进行评价时可能涉及的方面。

（五）《国家全域旅游示范区验收标准（试行）》中的标准

为充分发挥国家全域旅游示范区在促进全域旅游发展中的示范引领作用，2019年3月，文化和旅游部制定了《国家全域旅游示范区验收、认定和管理实施办法（试行）》《国家全域旅游示范区验收标准（试行）》等文件，并决定开展首批国家全域旅游示范区验收认定工作。其中,《国家全域旅游示范区验收标准(试行)》中详细说明了全域旅游示范区验收的各项标准。

该标准采用定量化评价方法,基本项目总分1 000分,创新项目加分200分,共计1 200分。并规定通过省级文化和旅游行政部门初审验收的最低得分为1 000分。基本项目中,设置了体制机制、政策保障、公共服务、供给体系、秩序和安全、资源与环境、品牌影响七大指标。如表2-3所示。

表2-3 国家全域旅游示范区验收标准(试行)指标及分值

序号	一级指标及分值	二级指标及分值	指标归属
1	体制机制(90分)	领导体制(20分);协调机制(25分);综合管理机制(15分);行业自律机制(10分)	基本项目
2	政策保障(140分)	产业定位(20分);规划编制(20分);多规融合(20分);财政金融支持政策(30分);土地保障政策(30分);人才政策(20分)	基本项目
3	公共服务(230分)	外部交通(20分);公路服务区(15分);旅游集散中心(20分);内部交通(30分);停车场(15分);旅游交通服务(20分);旅游标识系统(25分);游客服务中心(25分);旅游厕所(30分);智慧旅游(30分)	基本项目
4	供给体系(240分)	旅游吸引物(50分);旅游餐饮(35分);旅游住宿(35分);旅游购物(35分);旅游娱乐(35分);融合产业(50分)	基本项目
5	秩序与安全(140分)	服务质量(20分);市场管理(25分);投诉处理(20分);文明旅游(20分);旅游志愿者服务(15分);安全制度(12分);风险管控(18分);旅游救援(10分)	基本项目
6	资源与环境(100分)	资源环境质量(24分);城乡建设水平(16分);全域环境整治(20分);社会环境优化(40分)	基本项目

(续表)

序号	一级指标及分值	二级指标及分值	指标归属
7	品牌影响（60分）	营销保障（15分）；品牌战略（15分）；营销机制（10分）；营销方式（10分）；营销成效（10分）	基本项目
8	创新示范（200分）	体制机制创新（50分）；政策措施创新（30分）；业态融合创新（30分）；公共服务创新（40分）；科技与服务创新（20分）；环境保护创新（8分）；扶贫富民创新（12分）	创新项目

除加分项目外，还设置了一票否决和主要扣分项。一票否决的情况有：重大安全事故、重大市场秩序问题、重大生态环境破坏、旅游厕所不达标；主要扣分项有：安全生产事故（-35分）、市场秩序问题（-30分）、生态环境问题（-35分）。

二、全域旅游的评价标准

全域旅游的评价不同于全域旅游示范区的评价，不论是全域旅游示范区的创建标准，还是验收标准，都只是全域旅游发展中的阶段性工作，因此，不能用阶段性的标准来衡量全域旅游发展的整体情况。同时，随着时间的推移，很多现有的标准将发生改变，尤其是定量的数值变动性更强，因此对全域旅游发展标准的讨论在短期应重视定量，而长期应重视定性，即更应该重视从哪些方面来设置怎样的标准，而不是这些方面到底发生了多少变化。另外，上述的各类文件，均是从政府的视角来判别全域旅游的发展状况，体现了政府引领行业发展、全面建设社会经济的意志，与学界、行业、企业、游客及其他社会各界的评价视角和标准也必然有所差异。

为此，这里在国家有关部门所提出的考核标准或评价体系的基础上，结合学界、行业、企业、游客及其他社会各界的评价需要，从长期和定性的视角将全域旅游的发展评价标准归纳为以下3个方面：社会经济发展指标、体系构建指标及社会共享指标。

(一)社会经济发展指标

全域旅游是国家对社会经济发展战略的再定位,是新形势下的地区社会经济发展理念和模式。无论是从谁的视角来考察全域旅游的发展状况,都必然要用到社会经济发展指标。这些指标的构建可以从旅游业本身的发展和其带动效应两个方面来考虑。

1. 地区旅游业本身的完善和发展情况

从旅游业的发展规律和游客的需求转变角度来看,全域旅游是旅游业从"景点"走向"全域"、从小旅游走向大旅游的必然阶段,是旅游市场从观光游走向体验游的必然要求,也是地区旅游发展从门票经济走向产业经济的必然结果。因此,从旅游业自身发展规律的视角来考虑,发展全域旅游首先要满足游客的全新体验要求,全域旅游必须在旅游产品的创新、服务质量的提高、市场行情的对接、配套体制的落实、消费能力的把握等多个要素上下功夫,将这些要素的具备视为旅游业自身质量提升的主要结果。所以这些方面也就成了衡量全域旅游发展优劣的重要考量指标,具体包括如下方面。

(1)有特色鲜明的核心旅游吸引物,旅游产品的特色吸引力和市场吸引力提升。

(2)旅游服务要素齐备,产品业态丰富、空间覆盖度高,形成了空间时间等方面的全方位组合。

(3)旅游基础设施与公共服务体系完善,在安全和便捷性方面更符合市场需要。

(4)地区旅游品牌的知名度和总体美誉度大幅度提升。

(5)旅游咨询服务体系的完善程度。

(6)旅游厕所的卫生和便捷程度。

(7)旅游交通服务体系的完善程度。

(8)旅游住宿配套的完善程度。

(9)旅游餐饮配套的完善程度。

(10)旅游购物配套的完善程度。

(11)旅游文化娱乐休闲配套的完善程度。

2. 旅游业的发展对地区社会经济的贡献方面

旅游业本身就具有很强的带动效应。而作为我国经济社会发展转型的必然产物和供给侧改革的主要抓手，发展全域旅游的目的绝不是仅仅为了旅游业的健康发展。地区推动全域旅游的社会经济发展战略，既要通过资源整合来提高生产效率、促进产业融合发展，进而达到区域经济增长有效提高的目的；又要重视其对缓解城乡二元矛盾、推行新型城镇化建设及实施精准扶贫工程，全面建成小康社会并进入中等发达国家水平的重要意义。所以，在评价全域旅游的发展情况时，就一定要考虑其发展为当地带来了什么，将其对当地社会经济发展的贡献纳入评价的标准。具体来说，可以从如下一些方面来考虑指标。

（1）旅游业对当地GDP的综合贡献比重（这又可以包括两个方面，一是旅游业的价值在当地GDP中的比重，二是旅游业的增加值占当地GDP增加值的比重）。

（2）旅游业对当地就业的贡献（这也可以从两个方面来衡量，一是旅游业现有从业人数在全部就业人口中的比重，二是旅游业新贡献的就业岗位在当地新增就业岗位中的比重）。

（3）旅游对居民收入增加方面的综合贡献（包括旅游收入在当地居民全部收入中所占的比重，旅游新增收入在当地居民全收入增加中所占的比重，以及有多少居民的主要收入来源于旅游及相关行业等）。

（4）旅游业对财政税收的综合贡献（旅游所产生的税收占地方财政税收的比例）。

（5）旅游业对脱贫的综合贡献（在当地脱贫人数中，有多少比例是依赖旅游脱贫的）。

（6）旅游业的发展对当地生态环境、社会环境质量提升方面的贡献。

（7）旅游业的发展对当地社区和谐、整体文明程度提升方面的贡献。

（8）旅游业的发展对当地文化提炼、文明传承等方面所做的贡献。

（二）体系构建指标

全域旅游的建设是一项综合型工程，其工作的开展千头万绪。为了更加有序地推动各方面工作，需要建立完善的建设体系。因此，在对全域旅游的发展情况进行评价，体系构建指标就成了不可开的重要内容。这些指标大致可从以下几个方面考虑。

1. 资源、产业融合体系指标

在前边的指标中，已经体现了全域旅游对相关产业的带动性，但是反映得不够具体。在前文的全域旅游内容及特征分析中，资源及产业融合都是极为重要的分析方面。在建设全域旅游的过程中，必须要考虑其对资源、产业的融合程度如何。

首先，全域旅游的发展需要依赖全区域内的所有资源，但这些资源不是说存在就能得到很好地利用；旅游业需要对这些资源进行发现、挖掘、改造、整合，并确定相应的开发利用规则及程序，才能发挥它们的优势、为地区的发展打造亮点。这就要看旅游业对相关资源的融合作用如何。其次，全域旅游下的产业发展不再是旅游业的单打独斗，而是多种产业彼此依赖、共生共赢。加之产业融合是当前社会经济发展的流行趋势，全域旅游的发展一定要重视对产业的融合。

所以，全域旅游要很好发展，既要整合区域内的各类要素资源，也要整合区域内的产业资源，充分发挥旅游业对当地各类要素和产业的融合性作用。在评价全域旅游发展情况时，需要将旅游对资源、产业的融合情况纳入评价指标中来，综合考察该地区是否充分发挥了"旅游+"的功能，使旅游与其他相关产业深度融合并形成了新业态、产生了新的生产力和竞争力。

这方面的指标主要如下。

（1）多规合一，形成了旅游业带动下的地区综合协调发展规划体系。

（2）推行"旅游+"战略，形成了多产业多业态融合发展局面。主要考虑是否开展了如下产业融合工作及这些工作的成效。

① 通过旅游+新型城镇化，发展特色旅游城镇。

②通过旅游+新型工业化，发展工业旅游，创新企业文化建设。

③通过旅游+农业现代化，发展乡村旅游、休闲农业。

④通过旅游+信息化，推进旅游互联网的实现，建设智慧旅游。

⑤通过推进旅游+生态化，推进旅游生态化，发展森林旅游、生态旅游。

⑥通过推进旅游+商务化，推进旅游的商务功能作用，形成商务旅游。

⑦通过推进旅游+休闲化，推进旅游的休闲功能，形成休闲旅游。

⑧其余通过"旅游+"形成的新业态，如修学旅游、养生旅游、医疗旅游等。

需要说明的是，由于各个地区的情况并不一致，因此不能要求所有地区都均衡发展这些"旅游+"并形成完全一致的旅游新业态。如果所有地区都不顾自身实际的胡乱"旅游+"，既无法因地制宜地发挥地区优势进而形成特色，也容易形成各个地区的发展趋同进而导致恶性竞争。因此在考虑"旅游+"时，主要考虑的不是"+"的全不全，而是"+"的好不好；考虑的不是"+"了多少，而是"+"的多好。

2. 治理体系指标

中国旅游发展40年，旅游治理体系不断演化和完善，但是"部门治理"的旅游治理模式一直没有改变。随着旅游形态从小旅游时代的"单一观光游"向大旅游时代的综合型转化，旅游发展的推动要素从小旅游时代的劳动和资源到大旅游时代的资本与技术转化，"部门治理"的弊端越来越明显[①]。在全域旅游战略构架下，旅游管理主体更加多样、旅游事务综合度更高，原本仅仅依靠众多孤立主体采取的单一治理方式因各自固有的缺陷出现了"制度性失效"[②]。因此，全域旅游的发展需要探索更加符合实际的旅游治理模式，这是全域旅游建设取得成效的根本保障。

---

① 张辉，范梦余，王佳莹. 中国旅游40年治理体系的演变与再认识[J]. 旅游学刊，2019，34（2）:7-8.

② 黄细嘉，梅文斌，谢珈."元治理"视角下全域旅游治理体制的构建[J]. 南昌大学学报（人文社会科学版），2018，49（5）:67-73.

陈水映提出了"多元共治"的模式,认为"多元共治"模式契合了新时代优质旅游各方对政府新型治理体系的诉求,有利于优质旅游发展宗旨和效益的实现。该模式强调政府负责、社会协同和公众参与,目标是打造共建共治共享的社会治理结构体系,增强社会公众的主人翁意识[①]。主张政府、企业和社会三位一体,权力重心由上向下移动,调动基层民众的参与积极性,消除对基层群体的排斥,实现民众的管理"增权",充分发动群众、依靠群众,形成社会监督、媒体共建、行业自律、游客自觉的"共治"体系。

学者们的研究对全域旅游理念下的旅游发展治理进行了有效探索。尽管观点和路径有差异,但重视对旅游治理体系的构建都是一致的。在对全域旅游的治理体系评价中,可以从以下方面来考虑指标体系的构建。

(1)建立旅游领导协调机制,设立旅游发展委员会或类似综合协调管理机构。

(2)党委或政府在全域旅游的创建和推动中发挥引领作用。

(3)各级主体在旅游治理工作中分工明确、职责清晰、行动高效。

(4)在旅游综合执法方面有针对全域旅游的执法创新,如旅游警察、旅游巡回法庭等。

(5)推进或已经编制完成多规合一的全域旅游规划和实施方案。

(6)将全域旅游发展纳入相关具体部门的考核,明确责任分工,加强考核督办。

(7)专款专用,设立专项经费推动全域旅游发展。

3. 旅游数据体系指标

在旅游业的发展道路上,全国旅游数据的建设一直备受重视。2015年全国旅游工作会议强调提出要加速建立中国旅游数据中心,许多省区市对于旅游数据中心的建设都做了积极努力的相关工作。在各界共同努力之下,2015年12月3日,依托中国旅游研究院组建

---

① 陈水映.基于多元共治的政府治理机制与优质旅游发展[J].旅游研究,2018,10(6):2-5.

的国家旅游局数据中心成立。有关全国旅游数据建设的工作正式开启了帷幕。

2016年,李金早在北京召开的全国旅游统计工作会上提出,新时期的旅游统计工作要把握好6个要点:统一,即旅游数据体系要全国统一、数据指标的内涵和外延也要一致;科学,即统计指标的设置要适当、科学,统计数据要有理论支撑,更要贴近现实、适应产业发展的实际需求;创新,旅游统计的理论、方法都需要随着时代体现创新,真实反映旅游产业对国民经济的贡献;接轨,旅游统计和数据要和其他产业接轨,打通与其他产业的数据交换和交流渠道,建立一套畅通无阻的交流体系;国际视野,旅游统计数据要跟国际旅游产业接轨,方便在国际舞台上的交流,同时要重视制定旅游统计体系规则的设计,发出中国自己的声音;人才建设。

但从实际发展来看,杜江认为,我国现有旅游统计指标没有反映旅游新发展,统计方法没有广泛采用新技术,统计成果不能满足各方新需求[1]。

在全域旅游发展模式下,旅游数据体系的建设对切实反映我国整个旅游行业和各地方发展的现状趋势以及对旅游产业的全局把握有着十分重要的意义,对旅游业与其他产业的融合能力及对地方经济发展的贡献评估也十分重要;从微观层面来看,地区全域旅游数据体系的构建和信息处理系统的完善,对于主动感知旅游信息,调整区域旅游布局、建立适应区域旅游特点的旅游服务质量评价体系、保证旅游目的地的可持续发展方面也意义重大。

对各地在全域旅游数据体系建设成绩的评价,可从以下几个方面予以考虑。

(1)设立地区专门的旅游数据中心,建立科学的全域旅游统计指标,构建数据统计体系。

(2)旅游数据与其他数据体系接轨;区域数据和国家、国际接轨。

---

[1] 我国旅游数据体系建设要把握六大要点.http://www.gov.cn/xinwen/2016-12/20/content_5150376.htm.

(3)旅游数据的统计与应用方法科学、与时俱进、及时创新。

(4)有实力雄厚的旅游数据人才队伍;有科学的旅游数据人才队伍培养体系。

(三)社会共享指标

全域旅游是地区社会经济综合发展模式,其发展理念决定了全域旅游推进中要充分发挥旅游产业优势,通过对旅游资源、相关产业、生态环境、公共服务、体制机制、政策法规、文明素质等进行全方位、系统化的优化提升,实现区域资源有机整合、产业融合发展、社会共建共享。

经济的共享是全域旅游的基本要求,价值的共享是新时代区域发展的本质体现。所以,从旅游事业发展的最终目标来看,全域旅游的建设除了要在旅游产品体系创新、旅游资源开发活化、旅游业态创新、旅游产业结构优化、旅游市场水平提高等旅游业本身发展上有较大突破之外,也要在旅游政策制度、旅游者的文明素质以及旅游社区居民的包容性和参与性等方面都有所建树。

简言之,全域旅游的发展除了要带动经济的增长以外,还要通过各种渠道让广大人民群众在发展中受益。在衡量全域旅游的发展时,从哪些方面来体现群众的收益呢?这方面的东西很多,主要可以考察目的地居民与游客的整体幸福指数在全域旅游的发展中是否有所提升;尤其是在居民与游客重叠的空间部分,要以民众的舒适度与参与治理程度及效果为标准进行衡量。具体来说,可从如下一些方面来考虑指标:**旅游市场良好秩序的建设情况;旅游综合治理工作格局的建设情况;旅游市场监督与效机制的建设情况;旅游诚信体系的建设程度;地区公共资源的共享程度和便利程度;地区公共服务体系的完善程度;生态环境的保护程度和创新绿色旅游产品的建设程度;良好的环卫体系建设和节能减排措施的建设程度;良好的文化传承体系构建程度;通过各种渠道了解游客和当地居民满意度状况的制度及改善机制的完善程度。**

总之,安全、文明、市场规范有序,以及游客和当地居民的满意程度是推进全域旅游发展模式的出发点和落脚点,要以提高游客满意度、增强当地居民幸福感为目标,实现其社会共享的价值属性。在考查全域旅游发展情况时,必须要考虑如何构建衡量共享的指标体系。

前文对全域旅游评价的指标进行了论述。事实上,对全域旅游进行评价时,不仅涉及评价标准,也涉及评价的主体、评价的过程等其他工作的考虑。但由于各地发展情况各有差异,在这些具体工作方面也难以有统一的规定。因此本书不再赘述。在基于不同目的的全域旅游评价实践中,各工作推进主体可根据实际情况、结合相关学科中的评价工作理论设计具体的评价工作计划书。

第三章　全域旅游规划

全域旅游理念指导下的旅游规划工作，立足区域社会经济全面发展的旅游规划工作，可被称作为全域旅游规划。作为新时代旅游业发展的战略再定位，全域旅游规划一方面会继承传统旅游规划的常用做法，是站在多年来我国旅游规划成果的新起步；但同时由于规划理念、要求、模式的新变化，全域旅游规划又必然呈现出与时代发展和旅游业新成长相匹配的一些新特征。本章将对全域旅游规划的相关理论进行系统阐述。

第一节　全域旅游规划的理念创新

一、传统旅游规划理论体系

（一）传统旅游规划概念

要了解旅游规划的概念，首先应该对规划的概念有一定认识。规划是个人或组织制定的比较全面长远的发展计划，是对未来可能的发展状态所进行的一种设想或构想，以达到不同情况下采取不同的应对策略的目的。这种设想以及所要达到的目标必须通过人们的努力，并且采取必要的行动才能实现[1]。参照中国国家质检总局对"旅游规划"的定义：旅游规划是根据旅游业发展规律和市场特点制订目标以及为实现这一目标而进行的各项旅游要素的统筹部署和具体安排[2]。我们可以对旅游规划进行这样的界定：旅游规划是对一个地域内旅游系统发展目标的实现方式进行整体部署的过程。

（二）传统旅游规划的作用

旅游规划的作用，就是在旅游系统内部建立起由正反馈、前反馈和负反馈机制组成的旅游发展控制体系。借此，旅游规划指导旅

---
[1] 林晶瑾，张晓萍.对文化人类学参与旅游规划的思考[J].旅游研究，2009，1(3)：48-53.
[2] 唐代剑.旅游规划原理[M].杭州：浙江大学出版社，2005.

系统不断地提高内部各因素之间的方向协同性、结构高效性、运行稳定性和环境适应性,增强旅游系统的整体竞争力[①]。

旅游规划在内化于旅游发展的过程中,其作用具体表现为确定旅游发展的目标、对旅游系统要素进行整合、规避旅游系统的发展风险、修正旅游发展的目标偏离、保障旅游系统的稳定运行等。

(三)传统旅游规划理念对全域旅游规划的借鉴

所谓旅游规划理念,是指贯穿于整个旅游规划制定、实施过程中的对旅游规划起统领性、方向性与根本性指导意义的思想和哲学。不同的旅游规划理念,会导致不同的旅游规划结果。

在我国,大多数学者和专家认为理念是属于意识、思想的范畴,包括文化传统、价值取向、伦理道德、美学哲学等多方面的内容[②]。理念即是理性的观念或观念体系,规划理念的界定包括内涵和外延部分,或者具体将规划理念分为核心理念和非核心理念;核心理念是对规划起着指导性、方向性、根本性指导意义的规划思想。在我国传统旅游规划理念中,以下几大核心理念较为典型。

1."资源主导"理念

这是我国旅游规划发展初期经常贯彻的规划理念。在这种理念下,旅游市场的需求处于传统的山水和文化观光时期,规划主要挖掘自然和人文旅游资源,吸引更多游客,追求数量型增长[③]。这种规划理念指导下,目的地的旅游开发是"有什么样的米,就煮什么样的粥",沿用的是"就资源论开发,就旅游讲发展"的套路,没能考虑旅游市场的需求,也不考虑资源开发与其他发展的协调性;单纯将旅游业作为经济性产业来进行发展,在规划中出现了很多与实际相脱节的情况。很显然,这种理念在全域旅游模式下不再能够行得通,除了要立足自身的资源、因地制宜地开展规划工作外,它留给全域旅游规划的更多是教训和警示。

---

① 吴人韦.旅游规划的作用[J].桂林旅游高等专科学校学报,2000(1):70-73.
② 王艳丽,王金叶,程道品.旅游规划理念定义及内涵深析[J].三峡大学学报(人文社会科学版),2008(S1):134-136.
③ 范业正,胡清平.中国旅游规划发展历程与研究进展[J].旅游学刊,2003(6):25-30.

2. "市场导向"理念

这种理念从市场需求出发，重视旅游开发对游客需要的满足，是20世纪90年代以后我国盛行的旅游规划思想。市场导向认识到了客源市场的差异性需求对旅游开发成功的重要影响，要求旅游开发要针对不同的客源市场和消费需求规划相应的旅游产品、配套设施和服务设施。

这种理念较前一个理念有了较大的进步，但其考虑的市场需求主要是大众群体的主流需求，对儿童、残疾人、老年人等特殊群体的需要考虑不足，对大众群体的个性化需求及卫生、安全、隐私等细节性要求也缺乏有效措施；同时，其规划的国际化视野也体现不足。在全域旅游下，这种规划理念所强调的市场导向仍然有重要的借鉴。全域旅游规划要重视市场的需要，但这里的"市场"已不仅仅局限于客源市场，而是综合了外地游客和本地居民的"全游客"市场；所考虑的市场需求内容也更加丰富。

3. 以人为本的规划理念

党的十六届三中全会提出了"以人为本"的发展理念。以人为本是科学发展观的核心，它认为人是发展的根本目的，也是发展的根本动力，一切为了人，一切依靠人。旅游规划要做到以人为本，就要强调人与自然的和谐统一，重视人文关怀，重视游客通过旅游活动的参与而在精神、审美、知识等方面的升华。将以人为本的理念引入旅游规划是旅游业发展的必然结果，也是践行科学发展观，构建和谐社会和实现区域可持续发展的根本要求。

全域旅游是新时代区域社会经济全面发展的新战略，"人本性"是其发展的重要特征。全域旅游规划要重视对以人为本理念的继承，在规划中既要依托本地人才资源和汇聚各方面智力因素，为旅游市场提供细致、完美的优质服务，更好满足旅游者不断增长的新型需要；又要"发展为了人民"，探索旅游的发展为本地居民谋福祉的路径，不断提高居民收入、优化区域环境、提高文明水平，为区域居民的个人成长提供各方面优越条件。

4. 旅游可持续发展理念

旅游可持续发展的定义比较丰富。世界旅游组织认为，可持续旅游有旅游者和旅游地居民两大基本利益主体，既包括"今天的"需求，还关注未来发展机会[1]。1997年国家科技委员会、中国科学院、国家旅游局组织制定的《中国旅游业可持续发展的若干问题与对策》中对可持续旅游进行了界定：以不破坏其赖以生存的自然资源、文化资源及其他资源为旅游发展前提，旅游业带来的财政收入为生态环境保护提供资金支持；旅游资源能承载日益增长的旅游者数量，旅游设施应根据旅游者的多样性需求动态更新，以保持对未来旅游机会的吸引力；旅游业必须提高当地居民的生活水平[2]。

旅游可持续发展是旅游规划实践中重视长远利益的规划理念，其内部特征是生态环境压力与社会环境压力小于旅游系统的承载力，其外部特征是增长连续性、系统稳定性和代际公平性，强调要建立能接受环境与社会承载力反馈的规划体系[3]。

旅游可持续发展理念是以保持当地生态系统、环境系统和文化体系完整性为前提的，它是在保持和增加未来旅游发展机会的条件下所实现的旅游发展。可持续发展理念是旅游规划当前和今后发展的大趋势，也是全域旅游全面实施的基础理念。在全域旅游规划中，要坚决改变"高投入、高消耗、高污染、低效益"的传统发展模式，着眼长远、将传统旅游规划理念中的旅游可持续发展理念融入全域旅游规划体系中，并在实践中不断补充、完善，使之成为全域旅游规划和发展过程中的指导性理念。

5. 开发与保护并举的理念

这种理念可视为"可持续发展"理念在资源观方面的特别规定，它强调在旅游开发时要注意协调好资源与环境的保护，应确立"保护性开发"的思想，将"有效保护是开发的前提，保护的目的是更好地开发"观念贯穿于整个开发过程。传统旅游规划的开发与保护，主要表现在对自然资源和人文资源的保护两个方面。在自然资源保护方面，要根据资源的状况和特点采取具体的保护措施；对人文资源的保护方

---

[1] 肖鸿元.可持续理念下的旅游规划发展研究[J].旅游纵览（下半月），2017（7）：45-46.
[2] 南昌会议旅游谈旅游可持续发展的界定.http://www.docin.com/p-630043393.html.
[3] 贵港将建凤凰休闲度假旅游区.http://gg.zp365.com/News/Info/332089.

面，要在挖掘当地文化内涵的基础上，维护和加强地方文化的个性化和多样化[1]。

很显然这个理念在今天仍大有价值。在全域旅游的规划过程中，也要遵循传统旅游规划中"保护第一"的规划理念，重视对资源的开发与保护并举，推行"保护式开发"，实现资源的可持续利用，促进区域旅游的全方面发展。但全域旅游下的"开发与保护并举"又不完全等同于传统旅游规划，它所涵盖的资源已不再仅仅局限于"自然资源"和"人文资源"的传统旅游资源范畴，而是广泛涉及对全域旅游全新资源观下的"全资源"，在保护与开发的方法和路径上也必然要展开全新的探索。

6. 适度超前的规划理念

旅游规划的适度超前，是指在旅游规划中的观念、思想、内容等方面上要适当超越当前的旅游发展实际，有未来思维，符合旅游发展的趋势，能迎合未来发展的需要。它有两方面的含义：一是超前，二是适度。之所以要超前，是因为事物是不断变化发展的，旅游市场的需求、旅游发展的环境都处于变化之中，而旅游规划的项目建设是有建设和推广周期的，为了保证在建设和推广周期后的旅游产品能刚好顺应当时的市场需要和发展环境，在规划中要做到提前考虑，遵循事物发展变化的规律，以未来的视角出发开展旅游规划工作。之所以要适度，是因为变化是有度的，旅游市场的需求和旅游环境的变化通常情况下不可能出现骤起骤降和太大变化，旅游规划要注意对变化速率的重视，切忌过度超前。

这种理念对全域旅游规划也同样适用。应该根据全域旅游发展的大势，积极倡导和鼓励适度超前项目的开发，限制或取消那些已经饱和或将要过时的项目。在具体规划中，要注意思想超前、观念超前，在规划中就要考虑到10年、20年甚至更长久的旅游市场和旅游整体环境可能出现的状况，使我们所规划的内容或项目能与10年、20年后的市场情况和社会经济发展情况相吻合。

---

[1] 田颖，王军伟.生态旅游的理念思考与实践探索——以《南太白山（周至）生态保护与旅游发展总体规划》为例[J].济宁师范专科学校学报，2006（3）:18-20.

7. 原生态理念

原生态理念是近些年兴起的旅游规划理念。所谓原生态，指没有被特殊雕琢、在自然状况下生存下来的自然资源状况，以及存在于民间原始的、散发着乡土气息的人文资源状态。李群等认为，对"原生态理念"的理解要从两个方面来诠释才是全面的。一方面是客观的物质层面，是对事物原生态环境基础的一种挖掘，如原生态的环境如何影响人的生活习性的。另一方面是从精神上去深挖，从历史人文的视角去诠释，即是在尊重历史人文的基础上去建立的一种物质与人内在合一的精神生态[①]。

在旅游方面，"原生态"主要表现为人们对原始景观和本真文化的推崇。近年来，国内散客游、家庭游、自驾车游等趋势显著增加，而旅游需求也呈现出越来越崇尚自然生态，追求个性化、知识性、参与性与体验性等特征。为此，旅游规划中也出现了根据上述发展趋势来针对性地指导旅游产品的设计与开发，遵循"亲近自然"的原则、坚持"用有限的资源开发出无限的乐趣"的规划思想[②]。

很显然，这种理念是非常适合在全域旅游规划中应用的。在全域旅游规划中践行原生态理念，要重视对区域原有旅游资源的本真开发。在保持自然旅游资源的原生态时，要尽可能少地给予人为改变，注重山水原生态的保持；在规划和开发中均要重视对原生态山水环境的保护，为游客呈现原汁原味的原真性生活。要注重人文景观的原生态，让游客领略旅游目的地历史文化的厚重，重视对历史残存遗址的保护，禁止大范围的修葺；对于历史类景点，在解决可进入性、可游览性等方面进行一些适当的修复即可，保留其原生态面貌，做好维护工作。另外，要保留地方风情的原生态，拥有独特风情的旅游目的地要注意对民俗风情的传承与保护，维持地方风情民俗的原真性，不要过分商业化，把乡村人们的生活画面和地方人类历史文明结合起来，

---

① 李群，杨茂川. 基于江南原生态理念的水居民宿设计——以原舍·阅水民宿设计为例[J]. 大众文艺，2019（2）：77-78.
② 田颖，王军伟. 生态旅游的理念思考与实践探索——以《南太白山（周至）生态保护与旅游发展总体规划》为例[J]. 济宁师范专科学校学报，2006（3）：18-20.

真实地展现给旅游者[①]。

二、全域旅游规划与传统旅游规划的区别

全域旅游规划肯定是对传统旅游规划的继承,但它绝对不等同于传统的旅游规划,两者有着本质的区别。从地位上看,全域旅游是地区社会经济综合发展的新型战略,其规划必然呈现出与传统旅游规划的"单一产业规划"不同的特征;从理念上看,全域旅游融合了当下旅游发展乃至社会上流行的最新观念、最新理论、最新方法和最新技术,其规划必然体现出不同于传统旅游规划的时代特征;从规划需要考虑的因素来看,全域旅游的内容涉及"十全",规划过程中必然要考虑更多的因素,其调研、设计、论证等都远比传统的旅游规划要更加复杂。

汤少忠认为,全域旅游规划应在传统规划的框架基础上,针对旅游发展面临的新变化、新问题、新趋势进行系统创新。与传统旅游规划相比,他认为全域旅游规划要在以下5个方面体现创新。第一是创新体制观。全域旅游规划要求通过体制机制的创新改革设计,理顺旅游部门与其他相关部门的关系,突破限制新时代旅游发展的障碍,推动旅游业的跨越式发展。第二是创新产品观。全域旅游产品,不再是传统旅游"走点""串线"的"点线"观光旅游模式,而要构建满足游客不去景点景区的"基营"休闲度假模式。第三是创新产业观。全域旅游中的产业不再局限在传统的"六要素"产业,强调全域的旅游化融合、旅游化升级,通过旅游发展产业化,产业发展旅游化,丰富旅游产品,壮大旅游产业规模,同时促进相关产业链条的拉长和产业的升级增值。第四是创新服务观。全域旅游服务突破了传统旅游区和非旅游区的二元服务结构,构建了全域一体化的服务体系。第五是创新营销观。全域旅游营销,不再是政府、企业单方面的营销推广,而是政府、企业、居民、游客"四位一体"的全民营销[②]。

---

① 王艳丽,王金叶,程道品.旅游规划理念定义及内涵深析[J].三峡大学学报(人文社会科学版),2008(S1):134-136.
② 汤少忠."全域旅游"规划实践与思考.http://www.kchancera.com/nvision_details.asp?id=5041&tag.

汤少忠的观点仅仅体现了全域旅游规划与传统旅游规划的五个创新，尚不算是对二者的区别进行了全面阐述。九度空间撰文《全域旅游规划与传统旅游规划的不同点》，从边界、业态、尺度、路径等四个方面对二者进行了区分，可被视为是对该研究的有益补充。在边界方面，传统旅游规划的空间布局是以景点景区为支撑的点状或团状分布，而全域旅游规划是跨行业的资源配置和空间安排，注重如何从旅游产品构建旅游全产业链，带动区域全方位的增长；传统旅游规划主要是行业或景区的规划，旅游主管部门或景区主管部门是编制主体，而全域旅游是全区域的资源配置，是谋全局的发展，单靠旅游部门很难推动，必须是党政高位统筹或者是意识高度统一才能推进。在业态方面，传统旅游规划多为适应大众旅游消费的景点景区观光类业态、乡村旅游业态等，全域旅游是多产业融合，规划的业态更为丰富，包括亲子旅游类业态、夜间旅游类业态、大健康旅游业态、大体育旅游业态、工业旅游业态、公共服务创新运营、旅游科技等。在尺度方面，传统旅游规划为行业尺度，全域旅游规划一般为行政区尺度，更注重资源要素的统筹调配，注重产业的融合发展，从封闭的旅游自循环向开放的"+旅游"或"旅游+"转变，这些都需要从区域层面而不是行业层面来统筹谋划。在路径方面，传统旅游规划因侧重于产业定位和目标，空间布局过于原则和概念化，在将旅游发展作为重要规划内容纳入经济社会、城乡建设、土地利用、基础设施建设和生态环境保护等相关规划的过程中，无法衔接和落地，旅游发展缺少有效抓手；而全域旅游规划是一个开放、系统、科学的规划体系，是战略+规划的体系，要求统筹谋划、多规融合，从战略层面、规划层面、应用层面，突出可操作和可实施性，强调规划内容与实施效果相互印证[1]。

三、全域旅游规划的理念创新

2016年全国旅游规划发展工作会议提出，要围绕新时期旅游业发展战略定位，用全域旅游创新思维引领新时期旅游规划发展工作，

---

[1] 九度空间.全域旅游规划与传统旅游规划的不同点.http://www.ndspace.cn/article-395-1.html.

充分发挥旅游规划工作在旅游业发展中的基础性、战略性地位。在全域旅游规划中，除了要对上述传统旅游规划理念进行批判性继承外，还要特别重视以下规划理念的创新。

（一）多规合一，全局谋划

2014年8月，国家发展改革委、原国土资源部、原环境保护部、住房城乡建设部等部委联合下发了《关于开展市县"多规合一"试点工作的通知》，提出要推动经济社会发展规划、城乡规划、土地利用规划、生态环境保护规划"多规合一"。在上一章和本章的前边内容中，本书已经多次明确提出了全域旅游规划中应重视"多规合一"，考虑从全局谋划旅游业的发展进而带动地区社会经济全方位发展。

所谓"多规合一"，是强化"系统工程"理念，在制定区域规划时以国民经济和社会发展规划为依据，强化城乡建设、土地利用、环境保护、文物保护、林地保护、综合交通、水资源、文化旅游、社会事业等各类规划的衔接，确保"多规"确定的保护性空间、开发边界、城市规模等重要空间参数一致，并在统一的空间信息平台上建立控制线体系，进而实现优化空间布局、有效配置土地资源、提高政府空间管控水平和治理能力的目标[1]。

"多规合一"是全域旅游发展的前提和保障[2]。全域旅游要求涉旅部门联动，充分发挥旅游带动作用，在全域范围内优化配置经济社会资源。全域旅游的发展不能仅仅靠旅游部门的单打独斗，而是需要广泛得到国土、城建、农业、水利等多个职能部门的支持与配合。这就需要从规划出发，以"多规合一"的方式，形成一个全域旅游区"一本规划，一张蓝图"，通过规划协调好部门利益，落实好责任关系。这样才有利于全域旅游工作推进，有利于各个部门、不同产业之间的统一步调。

刘德谦认为，当下正值我国旅游业发展的黄金机遇期，在逐渐由旅游引领的"多规合一"创新改革实践中，势必将不断涌现新思路、

---

[1] 陈南江.推进全域旅游发展需强化"多规合一"[N].中国旅游报，2018-05-07(003).
[2] 周坤.全域旅游的核心是"多规合一"[N].中国旅游报，2016-04-18（A02）.

新模式①。创新全域旅游规划模式，应从规划编制和评价两方面入手。在规划编制创新方面，要重新梳理规划结构和编制内容，以全域资源要素配置为规划主体，重视旅游公共服务设施规划、旅游产业要素规划、旅游保障体系规划等在传统规划中被忽视的边缘内容。在规划评价方面，要进一步修订《旅游规划通则》等相关标准，或出台全域旅游规划技术要求，更新全域旅游规划的评价方法和评价指标。

（二）政府主导，全员参与

很多人认为，全域旅游的发展靠政府推动，而规划是专业的事情，应交给专门的人来做。这种看法弱化了政府在全域旅游规划中的主导作用，过分强调了规划机构在旅游规划中的地位。事实上，在全域旅游规划中，仍然需要强调政府的主导作用和区域内全部门、全员参与的作用。

在全域旅游规划中之所以需要政府主导，是因为按照传统的将规划交给市场的做法存在很多问题。例如，市场规划更重视自身利益、而容易忽略社会责任，更容易从局部看问题、难以从全局来平衡，更易受经济驱使、忽视全面平衡发展。而政府具有很强的公共属性，其基本职能决定了它在社会经济综合发展方面具有不可回避的职责。在"多规合一"的背景下，缺乏了政府的主导作用，很多工作将无法开展，"多规合一"根本就无法实现。这是因为当前背景下，"多规"的规划内容需要有效整合、"多规"的规划期限并不一致、"多规"缺乏统一的技术规范、"多规"的指标体系并不统一②，这都需要政府顶层工作的规范和协调。政府要成立专门机构，负责全域旅游的统筹协调工作，发挥好主导作用。

全域旅游的规划需要由政府来主导，不是说所有规划工作都完全由政府来完成，它需要充分调动市场、本地居民等各方面力量，共同建言献策，实现"全员参与规划"。要全员参与规划，不是要所有人都承担同样重要的角色。主体规划的制定、具体规划内容的完成，

---

① 秦汉川. 全域旅游规划需尽早纳入"多规合一"顶层设计[N]. 中国建设报，2018-07-26（005）.
② 崔许锋，王珍珍."多规合一"的历史演进与优化路径[J]. 中国名城，2018（8）：34-39.

仍然要交由专业的旅游规划部门来做，但规划中的创意、具体意见等可广泛听取大众的意见，力求规划的结果能得到公众的认可与支持。

（三）科技引领，可行为重

所谓科技引领，是指在全域旅游规划中要注意科学理念的体现，重视对科学技术的应用。这包括两个方面。一是在规划的过程中，要用科学的理念和技术来开展规划工作本身，例如，在规划中广泛应用资源调查、容量测量、意见收集、规划制图等方面的最新技术，重视对传统规划方法的及时更新。二是在规划的结果中，要满足市场和民众对科技情节的追求，例如，在规划的项目或产品中广泛体现移动互联时代、智能时代的特征，融入微信、微博、VR、AR、无人机、360°全景等最新科学元素。

全域旅游规划不是要将规划文本中的逻辑做得多么严密、图片制作得多么精美，更重要的是方案能够落地，能够在实践中得到高质高效的执行。这需要在规划中考虑以下一些因素：首先是方案在经济、技术等方面的可行性问题，一切规划方案的执行都需要基础，人、财、物的支持条件是否具备是其可行的根本保证；其次是规划是否做到了"多规合一"、能否得到相关部门的通力合作或大力支持；再次是是否践行了"全民共享"的理念，规划的内容能否反映出区域全部利益相关者的利益诉求。为此，全域旅游规划需要有适度超前的发展意识、着眼全局的规划内容，更要有切实可行的规划项目和实施步骤。

（四）重点先行，循序渐进

在全域旅游如火如荼在全国范围内推进时，也有学者表达了谨慎的态度，对全域旅游可能出现的过度冒进进行了警示。魏小安认为，全域旅游不是全面忽悠，也不是投资越多越好。刘思敏指出全域旅游是一个发展方向，但它远远不是现实，他认为不是所有的地方都适合搞全域旅游，只有那些旅游占 GDP 达标、旅游确实能引领地区经济社会发展、达到了后工业化时代的地区，才能有条件搞旅游[①]。这些

---

① https://mp.weixin.qq.com/s?__biz=MzI2Mjc5MDYyOA%3D%3D&idx=1&mid=2247484855&sn=c887323cbe0d16802849b9946b80e8c8.

观点都十分正确，本书的前面章节也表达了类似的观点。这是针对区域是否要推进全域旅游而言的。

那么，对于那些已经决定推进全域旅游的地区，是否就意味着可以全面发力、齐头并进呢？答案仍然是否定的。在全域旅游规划中，要重视区域发展的重点问题和顺序问题，重点先行，循序渐进。所谓"重点"，是指区域内的"主体功能区"，这是根据各地发展的总体情况和旅游资源优势，按照《全国主体功能区规划》中的相关指标所划定的以旅游业为引导发展的区域。全域旅游是一种系统性的、可持续发展的旅游规划理念，应当通过一种潜移默化的过程，审时度势、把握时机，逐步在各个旅游目的地规划布局若干个有利于旅游发展的特定空间，从而因势利导、聚集资源，逐步形成若干个全域旅游发展的主体功能区。这些主体功能区以旅游核心项目为引领，进行旅游产业融合，以产业要素和服务要素配套为支撑，全域旅游由点到线再到面进行延伸[1]。这种方式符合全域旅游的发展理念，应当在全域旅游规划中切实践行；而试图一开始就把旅游业置于一个大的区域里全面布局、全面开花的发展模式，不符合全域旅游产业发展集聚效应的规律，是对全域旅游的错误理解。

（五）低碳健康，慢游周到

这方面的理念是针对全域旅游的产品和服务规划设计而言。随着大众旅游时代的到来，健康、绿色、低碳、慢游等理念迅速走红并深入人心，全域旅游的产品和服务设计需要尤其重视这方面的变化。

低碳旅游是指以可持续发展与低碳发展理念为指导，采用低碳技术，合理利用资源，实现旅游业的节能减排与社会、生态、经济综合效益最大化的可持续旅游发展形式[2]。它以节能减排、社会生态效益最大化为发展目标，以低碳技术创新和旅游发展观念根本性转变为发展方式，以低能耗、低污染、低排放为发展模式，是全域旅游发展

---

① 窦群.旅游规划需树立全域旅游思维[N].中国旅游报，2016-02-29（003）.
② 唐承财，钟林生，成升魁.我国低碳旅游的内涵及可持续发展策略研究[J].经济地理，2011，31（5）:862-867.

模式下需引入的重要发展理念之一。在全域旅游规划中体现低碳理念，要考虑如何才能节约能源使用实现减排和低碳、如何提高服务设施的能源利用效率来实现低碳、如何推广使用可再生能源并减少化石能源的使用、探索转移排放的有效方式等。

健康旅游虽然还没有形成统一的学术概念，但近些年的发展势头十分迅猛。戴斌认为，旅游及健康旅游是人民追求健康生活的重要选项，在旅游活动中，通过游览大好河山和文化历史遗迹，体验不同的异地生活方式，甚至来一场朝圣之旅，人们除了舒筋活骨，享受愉悦的体验外，还会对自我及生命进行内省和沉思，通过排解负面情绪而减少疾病的发生。他认为，发展健康旅游尤其需要中医药领域的科学普及[①]。在全域旅游规划中体现健康元素，要深入分析区域内影响健康旅游产品的因素各类因素，如区位条件、市场状况、交通条件、社会环境、开发状况、知名度及美誉度等，结合区域实际情况因地制宜地开发温泉旅游产品、森林旅游产品、水域旅游产品、山地旅游产品等多种健康旅游产品类型。

当然，这里的"健康"除了涉及身体健康外，也涉及文化、精神层面的"健康"问题。在传统旅游规划中，一些地方出现了大量品位低下、迎合市场低级趣味的媚俗产品，产生了不良的社会影响，也影响了目的地的形象，使其可持续发展的能力大大减弱。在全域旅游规划中，要注意避免此类情况的发生，在产品设计及营销推广中始终把社会效益和社会价值放在首位，开发能体现良好展现地方精神文明风貌的有品味、有格调的旅游产品。

伴随着城市化进程的不断加快，快节奏的都市生活越来越让人们感到巨大的压力，慢旅游便逐渐成了人们的一大旅游趋势。所谓的慢旅游，就是游客在旅游的过程中能够放松身心，回归生活本质，满足自我的精神需求的旅游[②]。慢旅游与传统旅游方式最大的差异即旅游者颠覆了传统旅行的目的，由以游览景点的多少转而以身心的放松

---

① 戴斌.健康旅游：时尚、科技与产业化.http://www.ctaweb.org/html/2018-9/2018-9-4-16-36-91062.html.
② 郭红芳.基于慢旅游理念下乡村旅游开发研究[J].农村经济与科技，2018，29（16）:60-61.

和自由程度来判断旅游效果,倡导精神层次的旅游过程[①]。全域旅游规划中强调慢旅游,要重视构建由自行车、助力车、电瓶车、滑行工具、动力单轮车等非机动车工具和步行通道等组成的慢行交通系统;打造基于本地文化特征的旅游服务系统,突出个性化公共空间,充分关注旅游者的个性化需求,建立完善周到的旅游基础设施;利用地方传统美食、手工艺、资源、文化开发慢旅游休闲系列产品,注重游客的体验,完善"慢食、慢住、慢行、慢购、慢娱"的系列旅游产品设计;依赖本地良好的社区环境、热情友善的民众、优良的社会治安和高效的管理运作,营造慢旅游的文化氛围等。

上文对全域旅游规划中应奉行的理念进行了阐述,但不是说只有这些理念需被践行。随着时间的推移,必将有更加符合时代趋势的理念出现,全域旅游规划要保证其先进性、发挥其带动地区社会经济全面发展的能力,就需要时刻关注这些新理念、并在规划实践中认真贯彻这些理念;同时,在全域旅游规划中,也要不断因时制宜、创新新理念。

第二节 全域旅游规划的原则

旅游规划活动的开展有自己的原则。通常情况下,传统的旅游规划应遵循如下一些原则:市场原则、形象原则、美学原则、保护原则、效益原则等[②],而要编制高水平的旅游规划,需要遵循规范性原则、前瞻性原则、个性化原则、创新性原则、可操作性原则、和谐化原则、灵活性原则、通俗性原则等[③]。全域旅游规划是对传统旅游规划的继承和发扬,也应根据实际情况对这些传统旅游规划中的原则进行批判性继承。此外,全域旅游规划还应有自己须遵循的原则。

---

① 曹宁,明庆忠."慢旅游"开发的基本理念与开发路径探讨[J].旅游论坛,2015,8(1):81-86.
② 旅游规划需要遵循的五个原则.http://www.come23.com/news/item-760.html.
③ 徐飞雄.旅游规划编制的八大基本原则.http://blog.sina.com.cn/s/blog_703d4cee0100nl6z.html.

一、树立全新的资源观原则

旅游资源是全域旅游发展的基础,全域旅游规划的新理念要求突破传统的、局限的旅游资源观,以全域旅游思维重新定义和评价旅游目的地的旅游资源优势,树立新的资源观。前文在论述全域旅游发展时已经多次探讨了更新资源观的问题,在全域旅游的规划中也应如此。

要在规划中树立全新的资源观,就需要摒弃过去旅游界在旅游规划中存在的惯性思维。例如,传统的旅游资源分类方法是将旅游资源分为自然资源和人文资源,但这种资源观已经远无法适应当前人们价值取向、消费意识的多元化趋势和个性化消费的特征;在传统旅游资源规划中的资源评价方法是沿用多年的旅游资源分类与评价国家标准,主要用来研究自然旅游资源和文化旅游资源等传统旅游资源,这种固有的旅游资源评价方式显然也不能适应当今全域旅游发展的要求。近年来,围绕"非传统旅游资源的旅游目的地发展"这一命题,国内学者对传统旅游资源相对贫乏而旅游业发展较好的上海、广州等地进行了系统、深入的研究,取得了一批优秀的成果。所谓"非传统旅游资源",是指在休闲旅游为主导的旅游产业背景下,对旅游者具有吸引并在一定技术条件和一定时间内可以开发为文化、商务、会议、休闲、度假等新型旅游产品的要素[①]。其包括的范围广泛,如文化艺术、商务会展、生活休闲及新型服务等吸引力要素,以及人类生产、生活设施等物质和精神产品。

"非传统旅游资源"概念的提出是从理论上对传统旅游资源观的扬弃,成为全域旅游规划全新资源观的理论基础。但是,有了全新的资源观并不意味着就能在规划实践中展开具体的工作,为了更好迎合全域旅游规划的需要,应该着力制定全新的旅游资源分类评价标准,这是当前全域旅游规划工作中的重要一环。

二、强调全域产业链原则

全域旅游的概念决定了其规划要充分体现产业间的整合,寻求

---

① 叶新才.非传统旅游资源概念及分类体系研究[J].江西科技师范大学学报,2014
(3):74-80.

产业间的交叉、渗透和融合，形成新的产业经济效益增长点，甚至催生出新的产业形式。全域旅游要形成"人人做旅游、人人享旅游"的全民共享的旅游服务体系，着力延伸与完善旅游产业链，让更多的人从事旅游相关产业。

传统的旅游规划中往往只关注旅游业自身的发展，对与旅游业直接相关产业的内在联系关注较多，对于通过旅游业发展带动地方传统产业升级、提高当地居民福利水平方面的具体措施考虑较少，缺少旅游业与当地社会经济融合的整体规划。全域旅游规划中需要强调建立全域产业链，同时满足游客、供给者、旅游地居民等多方利益和福利，创造更多的就业机会，产生更广泛的良性社会效应。

发展全域旅游需要完善的规划体系，需要对区域旅游所处的发展阶段、目标定位、战略选择、特色挖掘、优势整合、品牌塑造、需求把握、渠道嫁接、政策导向等进行认真梳理。在全域旅游产业融合过程中，不仅包括与旅游业具有直接关联的交通、通信、商贸等服务业规划的整合，也更强调提高旅游业与地方传统第一产业、第二产业的关联度。一方面，产业联动、融合发展是时代发展的必然要求，积极扶持旅游关联产业发展；另一方面，要形成全域监管的旅游信息体系。要从旅游大数据采集、分析、运用、共享的角度，形成旅游信息的互联与共享，在明确测算旅游目的地景区的接待容量与环境承载量的基础上，做到数据信息的共享与即时服务，着力打造"处处有旅游、时时可旅游、行行加旅游、人人享旅游"的全域旅游产品[1]。

三、遵循系统市场观原则

所谓系统市场观，是树立大市场观念，将游客、本地居民等各个市场主要需求群体当作是系统市场的一个部分，全域旅游的发展不仅要满足游客的需要，也要满足本地居民的各种需要；在全域旅游规划中，要将旅游区作为一个开放的系统，同时把它作为社会、经济、生态大系统的一个子系统进行规划和建设。

首先，全域旅游规划的系统市场观要求在规划中既要重视外地

---

[1] 吴学安. 全域旅游产业链有待进一步完善[N]. 中国商报, 2017-05-09 (P02).

游客需要的满足，也要考虑如何通过旅游业的发展，促进当地居民福利水平的提高，如收入水平的提高、居住环境的改善、生态环境的向好、个人发展渠道的增多等。其次，系统市场观要充分考虑市场效益，在规划中要对旅游区资源和环境的未来状况予以评估，对旅游区域各子系统未来的发展趋势进行预测，对于条件成熟的旅游资源予以合理利用，对不具备基本开发条件的旅游资源暂时储备起来，保持资源的可持续利用。在规划中要计算成本与收益，关注全局利益和长远利益，谋求整个产业系统的长期综合效益的最大化与整个社会、经济、生态大系统的协调发展。再次，系统市场观还要求在规划中要遵循市场规律，充分借助市场力量，广范围、多途径实现规划项目的建设和发展。最后，要明确市场的变化性，预测旅游区目标市场成长、成熟、衰退的可能历程，积极开拓各类客源市场，扩大旅游产品的市场吸引范围。

四、重视组织建设原则

全域旅游涉及多个领域和多个产业，单靠旅游部门难以实现其有效规划；由于涉及"多规合一"和"政府主导"，全域旅游的规划务必要重视规划组织的建设工作。传统的旅游规划中，出现了很多看起来不错但事实上只能停留于书面、难以真正落地的规划文本，这主要是因为两个方面的原因。一个原因是规划中所涉及的职能难以由旅游部门全权决定，在规划中存在很多旅游部门一厢情愿的规划结果，在执行中难以被相关单位所认可。另一个重要原因是规划组织结构不够科学，参与旅游规划的人员结构单一，难以综合考虑旅游发展方方面面的问题，所制定的旅游规划就存在天然的局限性，要么只重视了市场需求而忽略了自身供应能力，要么片面追求经济效益而忽略了其他效益，要么只重视眼前问题而忽略了长远问题。

所以，在全域旅游规划中的组织建设工作，也要从两个方面来努力。首先是由政府出面成立一个能代表政府总览全局的规划牵头单位，或将规划的总览性工作委托给现有的旅游部门并赋予足够的权限，由主要牵头单位代表政府来"主导"地区的全域旅游规划工作，号召相关各方、组织多部门共同成立具体规划组织,开展具体规划工作。其次是在具体规划队伍的组建上,要充分考虑组成人员的结构,实现包括科技、社会、经济、文化、生态、民俗等方面专家的优化组合、优势互补,同时考虑成员在年龄、性别、学源构成甚至是代表的利益群体等多方面的合理性,真正实现规划成果的科学性,减少落地过程中的阻力。

五、区域联动原则

所谓区域联动原则,是指在全域旅游规划过程中,要打破传统的规划仅限于某个具体行政区域内,不是以行政区域为基础,而是以资源或市场为基础,根据旅游资源的内在关联性和地理空间的邻近性,重视区域间联合与协作,通过"市场共享"和"资源共享",建立共同的旅游形象,进而增强区域旅游整体的吸引力,实现各旅游地的协同发展和可持续发展。面对全球化、区域一体化以及旅游地之间的激烈竞争,遵循区域联动发展原则是解决当前全域旅游规划中普遍存在的区域关系问题的主要措施。

全域旅游由于是由政府主导的旅游发展模式,容易受到行政界限的束缚,在规划中或许就存在倾向于区域内一盘棋、区域间不相关的局面。这是违背了全域旅游理念的发展初衷的。全域旅游的区域联动,既要求区域内各部门、各单位、各行业的通力合作和协调发展,也要求重视区域间关系的处理。对于区域间有条件实现通力合作的,要加强政府间沟通、努力实现协同发展;对于区域间特色差异明显、确实不能同步的,也要重视在市场定位、特色塑造等各方面形成差异,避免同质竞争,形成良性发展关系。

区域联动发展原则的落实,关键在于各旅游地居民和各级政府部门统一认识,具有大格局观,充分意识到在一个大区域内,不同地方的各具特色的旅游资源对旅游者来说不是排他性的选择,而是组合性选择、互补性发展。只有从区域整体出发,加强区域合作,实现大区域的资源共享和市场共享,发挥旅游资源的整体优势,才能增强整个区域的竞争力,促进全域旅游的发展。

为此，全域旅游规划应从区域利益出发，做到从面到点，点面结合，从外到内，内外协调，处理好与周边旅游地或旅游景区的关系，积极开展分工协作、错位竞争，形成整体与局部相互带动、共同发展、共同繁荣的局面。

六、规划的落地可行原则

全域旅游规划如何落地也是全域旅游规划过程中一个重要的问题。在前文的规划理念中，也提到了可行性问题。可行性既是规划的理念，也是规划的原则。一般来说，全域旅游规划要考虑以下五个方面的可行性问题[①]。

（一）政策可行性

全域旅游规划的落实，一般都会涉及国家相关的政策或地方和部门的法规。政策是鼓励还是限制，是否允许，是否符合法规的要求，是抵触还是遵守，都必须充分地进行分析和考虑。有了政策、法规的支持和保护，项目的开发就比较容易推进，容易获得成功。反之，项目根本就无法进行。

（二）市场可行性

市场是规划项目能否生存的关键，全域旅游规划要具有大的市场观，开发的项目必须根植于市场，全面考虑市场的需求。没有市场，没有客源，就没有生存和发展的条件。因此，必须对全域旅游规划的项目进行周密的市场调研，客观地做出评价与分析，科学地进行市场预测，得出市场可行性的明确判断和可靠结论。

（三）技术可行性

全域旅游规划项目的落地还要有技术上的可行保证，所有项目的设计都要有严格的技术论证，重要项目还应该做灾害性评估和可靠性试验。一项好的创意项目，如果在技术上根本就行不通，就根本无法落地，其规划的创意再好都没有意义。同时，在规划中还需要考虑，

---

① 旅游规划"可行性"分析.http://www.shsee.com/news/zj/4701.html.

某个具体的项目应该依托于哪种技术来实现。随着旅游业的现代化发展，旅游开发和休闲娱乐设计也越来越多地依托现代科技，但是，并非每一项技术都能与旅游实现完美融合，一定要采用那些成熟和可靠的设计，在功能和安全两个方面确保技术的可行性。

（四）投资可行性

全域旅游规划的落实需要有资金投入的保证。无论是资金一次到位，还是分期建设滚动开发，或者采取招商引资、合作开发建设，都必须根据不同情况进行分析，确保项目投资的可行性。旅游投资有着很强的专业性，它不但需要专业的投资技术，也需要有相当丰富的旅游项目方面的专业经验。资金问题常常是困扰旅游规划实施的重要因素，因此投资可行性是全域旅游规划落地的重要问题。这就要求投资者在全域旅游的规划中要对投资项目有全面而深刻的认识，对全域旅游投资过程中各个环节可能出现的问题和细节都有清晰的认识和把握。

（五）环保可行性

旅游规划的环保可行性要求是遵循可持续发展理念的体现。任何旅游发展都应是一种不以牺牲环境为代价，与自然环境相和谐的旅游，全域旅游的发展也应该如此。在规划中必须把握适度的开发速度，以保证生态旅游资源的可持续性，适度、长远的发展才是全域旅游开发的正道。因此，在全域旅游的规划中，要始终绷紧生态这根弦，将环保方面的可行要求放在重要位置。

第三节 全域旅游规划的内容和程序

一、全域旅游规划的内容

全域旅游规划主要以行政区域为界进行，虽然跨区域规划是未来规划的趋势，但目前还不是主流。事实上，在行政区的多地联合规划时，通常有上级行政单位综合协调，可被视为是上一个行政区域内的全域旅游规划。由于全域旅游规划有省级、市级、区级、县级等多种情况，因此在规划的层次、详略及内容的丰富度方面均有所不同。总的来说，由越高级行政单位主导的全域旅游规划越宏观、内容越丰富，越低级行政单位主导的全域旅游规划越细致、内容越具体。

在内容方面，全域旅游规划肯定包含了传统旅游规划所涉及的主要内容，同时又因为"多规合一"及其带动区域社会经济发展的目标，其考虑的因素必然比传统旅游规划要多得多。但这里所探讨的全域旅游规划内容，并不是完整的"多规合一"后的地区社会经济发展规划应该包含些什么，而是围绕旅游规划本身，探讨"多规合一"后的地区社会经济发展规划中的"涉旅"部分应该包含些什么内容。

通常情况下，旅游规划应包括背景分析、规划主体、保障性内容3个方面的内容。分析全域旅游规划的内容时，也可从这3个方面加以考虑。

（一）背景分析

背景分析是对地区开展全域旅游规划的基础资料进行分析，弄清楚规划是在怎样的条件下展开的、有哪些资源凭借、面对着怎样的市场需求等，证明区域内发展全域旅游是可行的。这类分析通常需要进行广泛的资料搜集，综合运用市场调查、统计分析等学科知识，借助环境分析工具，开展市场预测等。这方面的内容主要包括以下方面。

1. 区域基本情况分析

这类分析是对拟规划的地区基本情况进行摸底，如区域名称、区域区位、区域历史人文情况等，目的是对区域情况的全貌有基本认识。这方面的内容通常又包括3个方面。一是自然情况分析，如区域面积、区域地貌、区域气候水文、区域生物及土壤等基础性自然地理情况。二是人文情况分析，如历史沿革、民俗风情、文学艺术、名人典故等等有关区域内历史文化状况。三是社会经济发展情况，如人口情况、民族情况、经济发展情况、社会建设成就、基础设施情况、对外交往情况等。

2. 区域旅游业发展现状分析

这类分析是对拟规划区的旅游业发展现状进行摸底,弄清楚全域旅游规划是在怎样的旅游业发展基础上展开的。这方面的分析一可以弄清楚现状,二可以总结区域旅游业发展的规律和经验教训,为核心规划提供帮助。分析的具体内容主要围绕区域旅游发展展开,如旅游景点、住宿、交通、餐饮等各行业布局和发展情况,旅游基础性投资和开发情况,旅游客源和收入情况,区域知名度和美誉度情况,旅游管理政策和治理情况等。

3. 全域旅游发展前提和条件分析

这是对区域开展全域旅游规划的前提和条件进行分析,主要包括以下一些内容。

(1)目标市场分析。任何旅游规划都需要分析目标市场状况,全域旅游规划也需要做此分析。分析的内容主要是两个方面:一是现状分析,二是趋势分析。与传统旅游规划不同的是,全域旅游分析目标市场时要将本地居民等非外地游客的需要考虑在内,进行"全游客"分析。具体分析的要素有细分市场的规模和构成、旅游动机、消费者行为、旅游偏好、满意度分析、消费趋势等。

(2)全域旅游资源分析。这方面工作主要包含两项内容:全域旅游资源调查和全域旅游资源评价。如前文的分析,全域旅游规划要用创新的旅游资源观来分析问题,对区域内各种可资利用的旅游资源情况进行摸底,全面系统地分析其数量、分布、组合、价值及开发可能性。由于非传统旅游资源的评价问题尚处于探索阶段,全域旅游规划的此部分内容可能还无法找到统一固定的标准。

(3)其他规划情况分析。全域旅游规划不能仅仅考虑旅游业的发展,还要综合考虑其他规划的情况,考虑如何使旅游业的发展能与其他规划相匹配、实现真正的"多规合一",发挥旅游业对整个区域发展的带动作用。这方面的内容要包括:地方总体发展规划情况概述、总体发展规划对旅游业规划的要求分析、其他部门规划的内容分析、其他规划对旅游业规划的条件创造和期望分析等。

（二）规划的主体内容

通常来说，旅游规划的主体内容很难有统一的范本。对不同的地区，在不同的阶段，其规划的内容可能都有差异。但无论具体内容有多大差别，但实质上都应该是一样的，即在本部分要对区域发展全域旅游的系统结构及其功能进行设计。本部分是全域旅游规划的主体内容，要解决全域旅游发展目标、发展阶段、整体空间布局和安排等宏观性问题，也涉及旅游产品设计、项目开发、市场营销等微观层面的工作。具体来讲，应该包括以下内容。

1. 全域旅游发展目标和指标体系

这是对区域推动全域旅游发展的总体目标进行阐述，通常涉及旅游业发展能带来的经济效益、环境效益、社会效益。在制定全域旅游发展目标时，应考虑旅游业发展对地区社会经济发展的带动，将旅游业带动下的区域整体发展作为主要目标之一。目标应具有科学性，是根据区域发展基本情况、"多规合一"的地方全面发展目标，并充分考虑到资源和市场等约束条件而制定出来的，要同时避免保守和冒进两种倾向。作为地方社会经济全面发展的基本模式，全域旅游发展的目标不应是单一的，而应该是由总目标和众多子目标组成的目标体系。

为了更加准确地描述发展目标，通常需要设定定量化的指标体系。传统旅游规划中通常采用旅游收入、人均停留天数、旅游人均花费等指标，它们在全域旅游规划时同样适用。但全域旅游规划的指标体系不能直接照搬原先的指标，而应该根据发展目标和实际需要做适当增减。

2. 确定旅游区性质和全域旅游主题形象

尽管全域旅游是将区域全域作为整体目的地打造，区域内各景点、各资源或许各有不同，但全域旅游下的旅游区应有明确的性质，例如，是综合型旅游目的地还是度假型旅游目的地。不同性质的旅游区性质决定了不同类型的项目规划和建设内容，也影响着旅游主题形象的设计。在明确了旅游区性质后，全域旅游主题形象的策划是旅游规划此阶段又一个重要的内容。它是对区域旅游活动总体的、抽象的、概括的认识和评价，具体开发项目策划的依据，也是旅游目的地招揽客源、市场推广的重要筹码。主题形象设计可以从形象定位、CI策划等诸多方面着手。

3. 全域空间布局和功能分区

尽管全域旅游是全地域范围内的旅游发展，但并不是说区域内每个地方的建设内容都一样。规划中需要在区域综合评价的基础上，对旅游及相关产业的分布、生产要素的配置、各节点开发的先后等问题进行分析策划，实现区域旅游发展的总体布局。同时，对区域内及各节点展开游览区、娱乐区、服务区等功能的划分。在全域旅游规划中的空间布局和功能分区，不能单从旅游业发展的角度考虑，而要综合考虑其他部门和产业的发展情况，实现与其他部门和产业的协调发展。

4. 确定全域旅游容量

与传统旅游规划一样，全域旅游的发展虽然在时间和空间方面进行了很大拓展，但其发展也不可能无限量接待游客，因此在规划时需要对旅游容量进行测算。通常来讲，这些容量包括了空间容量、设施容量、生态容量、社会心理容量等类型。规划中要通过科学计算，对全域旅游模式下的各类容量进行科学配置。例如，全域旅游实现了全天候、全季节、全地域后，旅游容量能提升多少？全域旅游需要照顾到本地居民的感受，其容量又是否会有所折扣？

5. 确定全域旅游发展重点，并对其空间和开发时序做出安排

前文已经阐明，全域旅游的开发不搞全面开花，也不可能同时开发；因此在规划中，要明确哪些地方先开发、哪些地方后开发，哪些项目是重点、哪些项目可后续。在确定重点和时空安排时，要综合考虑资源的分布、开发的条件、市场的热点、对其他产业的带动等因素，并不一定要优先开发那些看起来资源优秀的地区和看起来不错的项目。在时间设计方面，要注意对开发进度的合理安排，科学计算开发周期，避免节奏太快或太慢。

6. 具体产品和项目的规划

这是要综合设计目的地的旅游产品体系，着重考虑全域旅游提

供给目标顾客怎样的旅游体验、兴建怎样的旅游项目、完善哪些旅游设施、设计怎样的游览体验路线等,具体包括交通规划、景观布局和设施配置、旅游服务系统设计等。作为全域旅游规划中的此部分内容,可以较为宏观地罗列产品和项目即可,具体产品与项目的设计和策划,可以由具体的旅游产品规划来完成。

7. 全民共建共享、全域联动机制设计

全域旅游要求全民共建共享,但要实现共建共享并不容易,它需要有科学的实现机制。这是全域旅游规划的重要内容,也是它区分于传统旅游规划的重要不同点。此外,全域旅游规划还需要考虑如何与其他规划的配合,建设全域产业链、带动全行业发展,真正实现全域旅游建设的初衷。

(三)规划的保障性内容

前文的规划内容是否能实现以及实现到何种程度,需要借助很多保障性内容的设计,它们是全域旅游规划主体内容得到落地的必要条件,也是规划文本中必须体现的要素,主要有以下保障性内容。

1. 政策保障

全域旅游涉及的部门多、产业多、要素多,其发展必须要得到有力的政策支持方能顺利推进,因此必须要从政策上保证各类活动能顺利开展。全域旅游规划的政策只是理论上推进工作需要得到的支持,并不等同于已经出台的政策,但在政府主导、"多规合一"的背景下,无疑能有效促进相关政策的真正出台。

2. 财力保障

全域旅游下的发展模式已不再是单纯的劳动密集型产业,而是需要高投入,并可能存在高风险的特征。推动全域旅游规划的全面落实,必然需要有效的财力保障才行。这方面的规划不仅要考虑资金存量和来源,更要考虑如何拓宽渠道、更新融资模式等,对资金的获取方式进行多样化设计。

3. 人力保障

全域旅游对人才提出了更高的要求,不仅对"多规合一"下的旅游规划人才需求更大,对多部门联动下的执行人员也提出了更高的要求。实施全域旅游规划,需要在人才储备、人才获得、人才培养等多方面展开规划,满足全域旅游发展对近期、中期、远期的各层次人才需要。

上述内容是通常情况下全域旅游规划时应该考虑的方面,并不是说所有规划都应该如此或只能如此,各地可以根据自身的情况予以适当地增减。总结上文,可将全域旅游规划的内容归纳如图3-1所示。

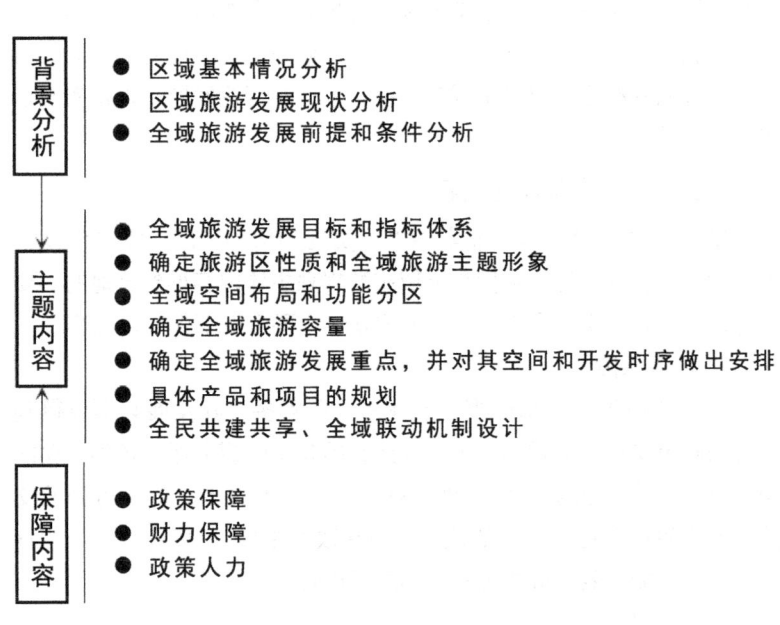

图 3-1　全域旅游规划内容体系

二、全域旅游规划的程序

科学的规划流程是保证规划质量的基础。全域旅游规划远比传统旅游规划复杂,涉及的面更广、考虑的要素更多,需要设置更加科学的规划流程,方能确保规划方案的高质量。总体来说,可将全域旅游规划流程分为事前准备期、事中规划期、事后实施期3个阶段。

（一）事前准备期

全域旅游规划是在政府主导、多部门和多产业广泛参与的地区社会经济全面发展规划，在正式规划前需要做大量的准备工作。

1. 战略提出

规划始于决策，全域旅游作为一种区域社会经济发展战略，其规划首先是地方政府主导下的区域发展战略决策。目的地政府根据本地社会经济发展实际和宏观发展规划，提出全域旅游战略启动计划。

2. 机构组建

地方推进全域旅游建设工作需要有统一的领导协调机构，可交由已经存在的诸如旅游发展委员会等这样的行政部门来统领，也可以跨部门成立特别领导机构。全域旅游的领导协调机构全面负责全域旅游发展事宜，各项工作的推进、各个部门的协调、多个产业的协作等均由其具体落实。为了做好全域旅游规划工作，需要在此领导协调机构下设立专门的规划工作小组，负责地区全域旅游规划工作的开展。

3. 前期调查

成立的全域旅游规划小组开启规划工作序幕，在充分研究地区发展战略和政策的基础上，展开各方面调查，为科学制定全域旅游规划的目标、编制全域旅游规划任务书、寻找规划具体承担单位准备资料。

4. 编制全域旅游规划任务书

全域旅游规划小组在前期调查的基础上，根据地区旅游发展战略和总体目标，制定全域旅游规划任务书。该任务书是对具体规划工作的总体部署和基本要求，是各规划承担单位开展工作的指南；同时，地区的全域旅游规划领导协调机构可根据此任务书来甄选合适的规划承担单位。

5. 任务分解并寻找规划具体承担单位

全域旅游规划的整体任务，通常需要被分解为多个领域的具体规划任务，如可能分解为城市发展规划、国土空间规划、农业发展规划等多项具体内容。这些具体规划任务通常会被全域旅游规划小组委托各个专业规划机构来承担。

在委托专业机构时，可以采用由政府直接指定符合资质的规划部门来承担，也可以通过公开招标的方式来进行。可以将全域旅游规划的分项任务整体交由一个机构来承担，也可将分项任务进行再分解，分别交给不同的单位来承担。

在选定规划具体承担单位时，要签订合同，约定权责；地方全域旅游领导协调机构和规划小组要给规划具体承担单位工作的开展创造条件，尤其要在涉及多部门联动、多产业合作、"多规合一"方面建立健全的沟通合作机制。

（二）事中规划期

如果说事前准备期的工作主要是政府相关部门在开展，分析的是"政府相关部门应做些什么"；那么事中规划期就是具体规划工作的展开，分析的是"规划具体承担单位应该做些什么"。由于全域旅游规划可能涉及多个领域内的规划任务，通常有多个领域的规划部门在同时开展规划工作，所以难以对各个规划承担单位的工作都进行详述。下面以旅游领域内的具体旅游规划单位的工作为例，说明其规划工作流程，其他领域的规划单位可参照此流程。

1. 明确目标和任务

事实上，全域旅游规划的具体承担单位在决定承担规划任务前，通常已经对规划的具体任务进行过研究，在正式承担了工作后，要再次对自己所承担工作的目标和任务进行确认，确保今后工作方向的正确性。

2. 规划前的沟通与协调

由于全域旅游规划涉及面广，参与主体多，其规划通常不能只站在自己的角度看问题，因此，在开展具体规划工作前，要在政府全域旅游领导协调机构或其他相关部门的支持下，与其他领域的规划单位、规划可能涉及的各方主体和相关利益群体进行充分沟通，认清规划面临的总体环境、了解各方的利益诉求、弄清楚自己在地方全域旅游发展战略中的角色、搞明白自己工作与相关单位工作之间的互补和协调性关系，以争取后期工作中少走弯路、提高规划成果的可行性。

3. 规划前的调查

这是对旅游规划中需要了解的资源情况、需求情况、竞争情况、地方旅游发展现状等基础性和背景性资料的调查。所用到的调查工具和方法与传统旅游规划并无本质的差别，但更主张采用最新的调查和预测手段来展开相关的工作。

4. 具体内容编制

在前期沟通和调查的基础上展开规划设计工作，编制具体的规划内容，如上文提到的旅游发展目标制定、全域旅游形象设计、全域空间布局和功能分区、具体项目和产品设计等。这些内容的编制，一要遵循全域旅游发展战略的总体要求，二要体现出规划单位的创意和智慧，三要注意与其他领域规划的衔接，四要考虑各相关主体的利益诉求。

5. 规划中的沟通与协调

全域旅游的规划要时刻注意与政府部门和其他领域的规划单位进行沟通与协调，关注平行规划的工作进展，注意对环境中新出现的各类相关情况的关注，以最大限度地避免无用功。当然，这需要有地方政府建立的沟通协调机制做保障，但同时也需要规划的具体承担单位有足够的沟通意识、并展开实际的沟通和协调工作。

6. 规划修正

对于在沟通中发现的问题，全域旅游规划具体承担单位要及时对已经做出、但不符合沟通中了解到的新情况的那些规划成果进行修订，确保它们符合最新局面的要求。

7. 公示并征集意见

规划草稿完成后，可传至其他平行规划部门或相关单位，广泛收集意见并作出相应修订；在相关单位都没有意见后，需将稿件在全域旅游发展可能涉及的利益群体中进行公示，在更广泛的范围中征集意见。

8. 再次修正规划

根据公示的情况，再次修正规划；综合各方面情况，拟定旅游领域内规划的正式文本。

9．提交规划

全域旅游规划具体承担单位将自己的规划成果提交给委托部门，即由政府成立的全域旅游领导协调机构或其下属的全域旅游规划小组。

10．与其他规划"多规合一"并提交评审

全域旅游领导协调机构负责对多个部门提交的不同领域内的规划进行整合，实现最终的"多规合一"版的全域旅游规划文本。并将这个规划文本提交上级部门进行评审，通过评审的规划方具有法律效力，可在实际工作中予以执行。

（三）事后实施期

全域旅游规划文本在获得评审通过后，形成了具有法律效力的规划文件。接下来的工作，是由地方全域旅游领导协调机构牵头，负责规划的具体落实。

1．指定执行部门并明确权责

全域旅游领导协调机构可自己来承担规划的落实工作，也可将工作予以分解，分别委托给具体的执行部门。无论是哪一种方式，都需要明确工作开展中的权责关系，确保工作能顺利高效的开展。

2．项目招标，确定建设承担单位

对规划方案中的各个项目进行公开招标，确定建设的具体承担单位，签订合同，明确权责，督促建设工作的有序开展。

3．建设中的多部门协调

在具体建设工作中，也需要多部门联动、多产业协作，这需要全域旅游领导协调机构要充分发挥自己的作用。

4．验收并交付使用

各个建设单位完成自己的建设项目后，经过验收可交付使用。全域旅游领导协调机构进行统一协调，确保各项营业能顺利开始。

上述过程只是在一般情况下的理想梳理，并非所有地方的全域旅游规划都一定按照这样的步骤来进行。总结上述流程，可归纳为如图3-2所示流程。

第三章 全域旅游规划

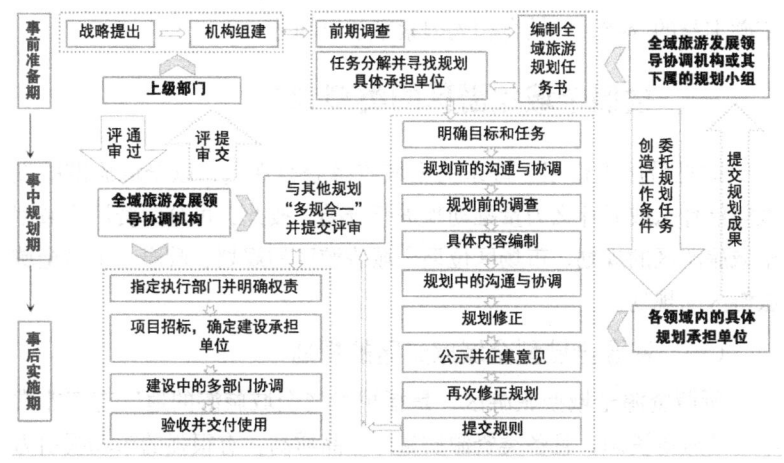

图 3-2　全域旅游规划流程

图 3-2 中，实线框表示工作节点；横排加粗的实线框表示工作的执行部门；虚线框内的所有工作节点可被视为同一个任务组、由同一个执行部门来承担工作；燕尾形符号的突出侧表示任务组，凹进侧表示承担该任务组的执行部门；燕尾箭头表示主体流程。

第四节　全域旅游规划的基本类型

在全域旅游概念探索初期，很多学者对全域旅游的类型也进行了探讨。例如，王衍用和许东以发展基础为标准将全域旅游分为了资源全区域型、市场区位主导型、政府主推型；按照全域旅游的主导功能，分为了全域休闲型、全域体验型、全域度假型、全域养生型[①]。有了科学的类型划分，有助于对全域旅游概念进行更加深刻的认识。同理，在分析全域旅游规划时也需对其类型进行探讨，因为不同的规划类型需做的重点工作或有差异，对规划类型进行划分有助于对实践

---
① 王衍用，许东. 全域旅游——科学解读和特区落地 .http://www.pinchain.com/article/69827.

工作科学指导。在分析全域旅游规划的类型时，可借助学者们对全域旅游本身的分类，并结合相关因素来予以划分。

一、按照全域旅游区的类型划分

这是沿用王衍用、许东的全域旅游分类观点，以全域旅游的发展凭借什么或靠什么力量推动来进行分类。按此，可分为资源全域型全域旅游区的规划、市场区位型全域旅游区的规划、政府主推型全域旅游区的规划。

（一）资源全域型全域旅游区的规划

所谓资源全域型旅游区，是指拟发展全域旅游的地区有着非常丰富的旅游资源，且各类资源质量好、品质高，有很强的市场吸引力的旅游区；资源在全区范围内分布比较均匀，有一定的独特性，市场竞争力较强。这类地区通常有较好的旅游发展基础，客源量大、旅游品牌已有较高的知名度，进行全域旅游的转型与其他类型相比较为容易，进程也较短，是发展全域旅游的最佳选择。

在进行这类旅游区的全域旅游规划时，需要关注的重点内容是如何转变发展思路，如何进一步挖掘传统旅游资源的价值，如何发现和开发新型旅游资源，如何凭借资源打造地区旅游优势。由于这类地区或是有着独特的自然景观，或是有独特的民族风情，或是有着良好的生态环境，或是兼而有之，有着较好的"全民搞旅游"基础，因此在条件具备的地方，可以考虑将旅游业发展成为地区支柱产业而不仅是带动产业，甚至是实现"全域旅游化"。

（二）市场区位型全域旅游区的规划

所谓市场区位型旅游区，是靠天然的区位优势和良好的市场需求条件而形成的旅游区；与上一个类型的旅游区相比，市场区位型旅游区内的传统旅游资源并没有明显的优势，但一般该区位于繁华的大都市或拥有良好的地理区位条件，拥有较好的客源市场基础，拥有良好的基础设施建设与服务体系建设，因此也具备发展全域旅游的条件。

在进行这类旅游区的全域旅游规划时，要重点关注市场需求的变化和旅游需求趋势，考虑如何利用独特的区位优势和较好的基础设施与服务体系来满足客源市场的需要。这类旅游区通常以附近大都市及周边客源为主，要重点开发旅游休闲度假及周末游等短期旅游产品，重视家庭游、自驾游等项目的建设，通过全域旅游构建县域或市域大休闲区，整体重构自身特色，推动区域旅游的进一步开发。

（三）政府主推型全域旅游区的规划

所谓政府主推型旅游区，是当地政府出于更快推动本地区全方面发展的目的，借助旅游业的带动性特征，以旅游业作为龙头产业、整合其他产业和地区内相关资源，带动当地社会经济全面更快发展的旅游区。这类区域要么经济综合实力较强，如江苏昆山市、浙江义乌市，为了进一步推动区域发展，促进产业转型升级而开展全域旅游；要么行政范围较小，为了突破空间发展局限，整体打造旅游品牌而开展全域旅游，如重庆市渝中区。

在进行这类旅游区的全域旅游规划时，要着重考虑如何充分发挥旅游业的带动作用、如何整合全域资源、如何联合全域产业、如何体现政府的意志等。这类区域由于传统旅游资源可能较弱，在规划中要注意对新型旅游资源的开发和建设；同时要注意旅游市场的开拓和旅游品牌的塑造，考虑如何增强自身的旅游吸引力、如何提升地区美誉度。

二、按照全域旅游区的主导功能来分类

尽管发展全域旅游会在区内联合多种产业、开发多种产品，但每个地区由于资源、市场及产业基础等各方面差异，所发展的旅游区在主导功能方面必然存有差异。若按照这种差异，可将全域旅游区分为休闲型、体验型、养生型等几种类型，各种旅游区的规划侧重点各有不同。

（一）休闲主导型全域旅游区的规划

休闲主导型全域旅游区是指区域内以休闲资源为核心吸引力，具有环境优美、气候宜人等特点，资源品质具有美学、历史、人文等价值的旅游区，适宜开展休闲度假旅游的地区。这类地区的服务设施

相对于其他类型更高，功能完善、特色鲜明、档次合理、与环境协调的休闲旅游设施，以及规范化、个性化、人性化的优质服务，可满足游客多种旅游休闲需求，游客到此旅游主要是进行身心的放松和消遣娱乐，将自身融入所在环境中。

对于这类旅游区的规划，除了要充分考虑符合全域旅游发展特征外，还要求重点考虑其休闲度假旅游需求的满足。重视对自然生态理念、野趣化理念、寓教于乐理念的贯彻；将自然生态环境作为规划的基础，从当地文化和旅游主题入手，切合实际开发旅游产品，重视对地形、建筑、道路、植物等各个要素的细节性规划。

（二）体验主导型全域旅游区的规划

体验主导型旅游区是指通过分析顾客的不同偏好，提供能彰显其个性化形象和满足游客体验需求的产品和服务的旅游区。这类旅游区通常提供非标准化的旅游产品，以独特的产品形态和服务提供方式满足旅游者的社会交往、求知审美、自我实现等高层次的需要；其重点不仅是向旅游者提供什么样的消费"结果"，更在于让其获得什么样的消费"过程"[①]。

这类旅游区的规划，从线路设计到出游方式的选择，从报价到出游时间的确定，从旅游交通到住宿服务的消费，无一不考虑参照游客个人的兴趣和爱好。因此对主要目标客源的市场调查和趋势预测就是很重要的，只有准确把握了市场需要，才能开发出有针对性的产品项目。在具体规划中，要大量设计自助旅游、峡谷漂流、农业体验、攀岩探险等个性化特征非常明显的体验旅游产品和项目，以消费者的心理特征、生活方式、生活态度和行为模式为基础，设计紧扣人们精神需求的产品，使产品及服务能引起消费者的联想和共鸣，让顾客在消费过程中体验某种情感，学习某种技能，体验自我尊重和自我完善。

（三）养生主导型全域旅游区的规划

养生主导型旅游区是依托其境内优质的养生旅游资源、不断完善养生旅游设施，开发丰富的养生旅游产品项目，满足游客养生康体需求的旅游区。这类旅游区可提供温泉养生、医疗养生、森林养生、

---

① 宋咏梅.关于体验旅游的特点与设计原则[J].特区经济，2007（1）:177-179.

生态养生、康体休闲等类型的旅游项目，或是兼而有之的综合养生旅游目的地。如广西巴马、海南五指山地区、内蒙古阿尔山等。很显然要发展养生型全域旅游的地区，需要有丰富的养生旅游资源才行。

在进行这类旅游区的规划时，要重视对区域内优质养生旅游资源的开发，注重对新型养生资源的挖掘，考虑在基础设施、服务接待设施等方面打造完善的养生旅游设施，开发效果明显、形式独特的养生旅游产品，打造生态、人文环境良好的养生社区。同时，要将地区与养生有关的政策配套考虑在规划之中，注重政府的支持和参与。

三、按照全域旅游拟采用的开发模式分类

绿维创景认为，根据全域旅游开发模式的不同，全域旅游发展基本遵循以下四种架构：全域景区化，全域度假升级，新型城镇化与美丽乡村，全域"旅游+"。四种架构相互融合，共同作用，也可单独支撑，形成全域旅游的良性发展[1]。据此，可以将全域旅游规划分为全域景区化开发模式的规划、全域度假升级开发模式的规划、新型城镇化与美丽乡村开发模式的规划、全域"旅游+"开发模式的规划。

（一）全域景区化开发模式的规划

所谓全域景区化开发模式，是将整个地区作为一个大景区来进行开发建设的模式；它不等于全域内景区的简单加总，而是将景区自身的美学、文化、观赏、休闲价值扩展到整个区域。与现有的景点景区相比，全域景区化具有整体美化区域、推进基础设施建设和促进服务水平提升、丰富旅游产品、延伸产业链条、提升区域竞争力和知名度等诸多好处，这与发展全域旅游的初衷完全一致，最能体现全域旅游开发的目的和意义；当然它也是最为艰辛、跨越时间最长的开发形式，需要遵循发展规律，循序渐进的推进。

对于这类开发模式的规划，要着重考虑如何在现有景点景区的基础上，融合区域内多种要素、拓展旅游及相关产业在区域内的覆盖面。这类开发模式通常有以下两种发展模式：一是"精品景区+精品线路"模式，二是全域无景区化模式。

---

[1] 全域旅游开发四大架构.http://lwcjlinfeng.lofter.com/post/1cc5edd3_a0ce682.

在规划"精品景区+精品线路"模式时,要精心选择区域内的精品旅游资源,对其进行升级打造,根据自身实际情况,选择如何建设区域内的自然生态景区、文化型景区、商街城镇型景区以及人造景区等多种类型的精品景区,并开发怎样的参观游览线路;同时,还要考虑这些精品景区如何如区域内的相关产业发生联动,推动区域内"全域产业"的发展和社会经济共同进步。

在规划全域无景区化模式时,要考虑如何在旅游对象较为广泛的前提下,打破门票经济思维,采用开放式的经营方式,打造更加自由的旅游空间。全域无景区化崇尚到处都是滞留点,随时都能成行,因此,对区域的景观打造、基础设施建设、旅游服务设施建设及开发观念都有着更高的要求。在规划中,要考虑如何实现"全天候+全季节"的旅游发展模式,建设"全地域"旅游休闲方式,考虑如何调动地区居民参与旅游建设的激情,实现全域旅游的共建共享发展模式。

(二)全域度假升级开发模式的规划

全域度假旅游是在一个区域内以度假产业来引领观光旅游和其他休闲旅游,即以旅游业的高端产业引领中低端产业的发展来促进地区产业全面转型升级的发展模式。这种模式通常需要目的地具有滨海、山地等环境优美的度假旅游资源,且度假休闲旅游已经有一定的发展基础,可以利用原有的度假产品和市场声誉实现升级、并带动区域全方面发展。

这类旅游区的规划跟上文探讨的"休闲主导旅游区"的规划有类似之处,在规划中要重视对现有基础的有效利用,对现有产品与相关产业的融合做深度安排,重视对市场需求和供给状况的了解,在产品和服务等项目方面进行差异化的开发,促成全域度假模式的最终形成。

(三)新型城镇化与美丽乡村开发模式的规划

新型城镇化与美丽乡村建设是全域旅游开发的重头戏。我国很多乡村城镇经济发展缓慢,但旅游资源丰富,具备发展全域旅游的基础;用旅游产业引导乡镇和乡村实现城镇化,帮助农村脱贫致富是全域旅游发展的一大重点。

在进行这类全域旅游规划时,要注意保护社区传统的历史风貌、人文环境等有特色古村落,并将具有特色传统村落的风格、传统的古典元素融入美丽乡村的建设中来[①]。要加深对全域旅游"全"的理解,从整体视角全面规划,注重对乡土文化的植入,推动多产业联合体的建设,重视农村环境治理,重视人与自然和谐共生模式的应用,切实有效推动旅游业对地区社会经济发展的全面带动。

在规划具体打造方式时,可考虑在区域内选择若干具有特色的、具有区域代表性的城镇和乡村作为全域旅游发展的突破口和切入点,按照"城乡一体、区域协调、城乡均衡、基本服务均等化"的原则,构建"向心发展、组团布局、统筹融合"的城镇发展体系,从全域旅游产业布局、综合交通运输业、公共服务业、基础设施体系、生态环境打造、信息与社会管理等方面构建全域城镇化发展的支撑体系,着力打造集现代新城、活力乡村、特色新街、美丽乡镇于一体的新型城镇化结构,加快城乡一体化发展[②]。

(四)"旅游+"开发模式的规划

旅游是一个无边界的产业,任何一个产业中均有可被旅游业利用的要素,因此可以"旅游+"的模式来推动全域旅游的发展。"旅游+",是多方位、多层次的,"+"的方式多种多样:可以+工业、农业等大产业,也可以+创客、教育、文化、养生、养老、休闲运动等具体产业,也可以+互联网、交通、购物等关联性产业。任何一个所加的产业,都可以单独支撑起全域旅游的特色,也可相互叠加,起到更好的支撑作用。旅游+是实现全域旅游的重要措施,也是推动区域经济转型升级的新引擎。随着经济社会和旅游业的不断发展,旅游+的内容会越来越多。

对于这类开发模式的规划,要考虑如何通过完善提升旅游产业要素,增加旅游综合消费,摆脱过度依赖门票经济,实现从门票经济向产业经济转变,实现旅游从封闭的旅游自循环向开放的"旅游+"

---

① 李丽娟.新型城镇化、美丽乡村与全域旅游的人文地理学思考[J].中国名城,2017(8):10-13.
② 全域旅游开发四大架构.http://lwcjlinfeng.lofter.com/post/1cc5edd3_a0ce682.

融合发展转变，形成旅游新产能[①]。要考虑在发展中如何加快培育旅游新产品、新业态；如何构建开放的旅游体系，建成一批具有鲜明特色的住宿和餐饮产品，规划具有地方特色的旅游线路和购物街区；如何完善旅游要素、培育特色旅游基地等。

四、按旅游地发展阶段、旅游吸引物与市场特征来划分

这是王俊和沈韩笑的划分方法。他们认为全域旅游的推进应与旅游目的地旅游业发展的阶段与经济发展水平相结合，不同发展阶段的旅游目的地，其模式也存在较大差异；同时，也可以用旅游吸引物和旅游市场两个维度将全域旅游划分为不同的类型。据此两点，将发展全域旅游的目的地分为了全域大景区型、全域旅游服务聚集型、全域"+旅游"型3种[②]。对于这3种类型的旅游目的地的规划，所需要开展的工作侧重点也有所不同。

（一）全域大景区型全域旅游区的规划

全域大景区型旅游目的地具有以下特征：具有核心旅游吸引物，旅游客源市场广大并稳定，旅游在当地产业发展中占主导地位，旅游基础设施与服务设施体系完善，旅游发展深入人心，旅游企业和居民全力配合。这类旅游目的地拥有打造全域旅游的良好基础，其发展目标是打造处处是景区的全域旅游格局，与前文的第三种划分方式中的第一种类型比较类似，"精品+景区DNA复制"是实现这类目的地的模式选择。

在对这类目的地进行规划时，要对景区内原有旅游精品景区进行内涵提升，延长景区旅游线路，对景区进行合理布局改建，重视在已有资源的基础上充分挖掘"非传统旅游资源"，考虑如何将景、城、村、人和交通线路五大要素融为一体，如何对全域范围内的景观全面改造，实现旅游要素和服务的全域覆盖，形成处处是旅游吸引物、人人是旅游形象的旅游大格局。

---

① 石培华."旅游+"是实现全域旅游的重要路径[N].中国旅游报,2016-05-11(003).
② 王俊.全域旅游目的地的类型及开发模式[N].中国旅游报，2016-04-11（C02）.

在旅游质量和品质提升方面，要以供给侧改革思维为指导展开科学规划，考虑如何快速实现现有产品的升级换代；对各个项目的开发顺序和建设周期进行科学规划，重点构建高效完善的旅游公共服务体系，提高旅游服务质量，实现全域旅游的扩容和品质提升。此外，要重视现代科技尤其是互联网技术在全域旅游开发中的作用，加强技术建设，重视旅游与技术的融合，打造智慧型旅游。在全面市场调查的基础上，从游客的需要出发开发精细化的旅游产品和服务，以安全、周到、细心、便利的服务设施增强旅游目的地的吸引力和竞争力。

（二）全域旅游服务聚集型全域旅游区的规划

此类旅游目的地的典型特征是拥有高质量的庞大旅游需求市场，但旅游资源不足，发展基础薄弱，急需全面重新发现旅游资源、开发旅游产品、建设旅游服务设施，以便满足不断增长的旅游市场需求。这类目的地通常毗邻经济发达地区或自身处于经济发达区，客源数量多、旅游要求高，对旅游设施的完善性和旅游服务的周到性均十分重视。

在对这类全域旅游进行规划时，对周到便捷的服务设计和完善旅游设施的规划是最为核心的内容。要结合全域旅游发展的理念，开发高端旅游产品，旅游服务要全方位，旅游设施保障要完善。与此同时，还要注意应顺应新时代潮流，聚焦客源市场，开发出能体现时代潮流、更好满足消费需求的全域旅游产品；在营销方式上，要注意对现代化营销工具和手段的应用，以消费者所习惯的方式将旅游产品的信息推送给他们。

（三）全域"+旅游"型全域旅游区的规划

与前文提到的"旅游+"不一样，全域"+旅游"型不是由旅游主动去融合其他产业，而是区域内的其他产业主动旅游化，在发展自己的同时考虑如何结合产业特色发展其旅游特征。通常情况下，这类旅游目的地的旅游资源等级低，旅游吸引力弱，旅游市场发育程度低，旅游交通不便、基础设施不完善，旅游发展尚处于起步阶段，但不论是区域政府，还是区域内产业和居民，都看到了发展旅游业的强大优势和美好前景，有着强烈的旅游发展愿望。在这样的情况下推动地区全域旅游战略，其出发点和路径都必然与"旅游+"式的发展模式不一样。

在推动这类全域旅游的规划时，要着重从长远发展着手，以愿景目标的制定和发展阶段的划分，来明确全域旅游的发展路径，即采取由目标到阶段、由阶段到任务的由远及近的规划手法。首先，规划要有明确的发展方向和目标；其次，对实现目标的路径进行界定划分；再次，对各个阶段要做的事情进行具体谋划，通常是远期的事情做方向性的粗略规划，近期的事情做详细方案。通常，在规划中应首先做好地区基础设施建设和环保工作，再考虑如何发展好现有产业的特色，再考虑现有产业如何去融合旅游，最终实现全域旅游大发展。

上述分类可归纳为表3-1。

表3-1 全域旅游规划的类型

序号	分类标准	规划类型
1	按照全域旅游区的类型划分	资源全域型全域旅游区的规划
		市场区位型全域旅游区的规划
		政府主推型全域旅游区的规划
2	按照全域旅游区的主导功能分类	休闲主导型全域旅游区的规划
		体验主导型全域旅游区的规划
		养生主导型全域旅游区的规划
3	按照全域旅游拟采用的开发模式分类	全域景区化开发模式的规划
		全域度假升级开发模式的规划
		新型城镇化与美丽乡村开发模式的规划
		"旅游+"开发模式的规划
4	按旅游地发展阶段、旅游吸引物与市场特征来划分	全域大景区型全域旅游区的规划
		全域旅游服务聚集型全域旅游区的规划
		全域"+旅游"型全域旅游区的规划

第五节 全域旅游规划的项目建设

全域旅游规划对一个地区的全域旅游发展战略进行了总体部署

和详细安排，其规划的旅游项目要经过具体开发和建设，才能真正落地，投入实际运营。因此，在探讨了全域旅游规划后，需要对全域旅游规划的项目开发和建设进行论述。

一、全域旅游项目建设的注意事项

尽管地方的全域旅游规划中已经对拟将开发的项目进行了部署和安排，但项目的具体开发和建设仍需要做很多细致的工作，例如，对项目进行立项申请、论证、详细策划、施工建造等。在这一系列工作的开展中，要注意以下一些事项。

首先，由专业的人来做专业的事。在以往旅游项目的开发中，出现了很多缺乏旅游业基本知识、不懂市场规律的人，做了很多不够专业的事，导致了大量的资源浪费和不良的开发后果。全域旅游是一个地方新时期推动地区社会经济全面发展的重要战略，规划中的每一个项目都有紧密的相互关系，不再像以往个别景点或景区的建设，以往个别项目的开发失败仅对项目本身造成影响，而全域旅游规划下的项目开发会影响其他项目的建设进程，严重者甚至会影响全域旅游战略全局。因此，全域旅游项目开发和建设一定要慎重，由专业的人来做专业的事。

其次，要进行保护性开发。全域旅游的推进并不是无规律、无序地到处进行旅游开发、开展旅游景点建设，而是一种积极有序的保护性开发模式，追求地区旅游的可持续发展。因此，在项目建设时，一定要做好开发项目的环境评估，强调项目开发与资源环境承载能力相适应。具体建设中，要通过全面优化旅游资源、改善基础设施、完善旅游功能、衔接各旅游要素，更好地疏解和减轻核心景点景区的承载压力，更好地保护旅游地核心旅游资源和生态环境，实现公共服务设施以及各要素在空间上的合理分布。

再次，项目建设要重视创意设计，凸显特色。在以往很多地区的旅游项目开发中，出现了开发的旅游产品缺乏特色、文化品位低、可视性差、毫无市场竞争力等多种情况，给旅游地的发展带来了不良影响，形成了大量失败案例。当前，很多地方都在推行全域旅游发展理念并展开了实际规划,很多地方或许都提出了类似的旅游项目建设计划,如果每个地方建设的该项目都一个样子,其结果可想而知。因此,在建设时务必要重视创意设计,结合本地的特色文化和具体情况来开发特色产品。例如,同样是建设一栋古楼,但每个旅游区的古楼都需要设计成不同的风格和样式,凸显地区特色,彰显个性文化。

二、全域旅游项目建设应遵循的原则

鉴于全域旅游发展的战略性地位,应当对全域旅游项目的开发建设保持足够的慎重。在上文对注意事项分析的基础上,下面详细分析一下全域旅游项目建设中应该遵循的原则。

(一)科学规划原则

全域旅游项目建设要确保科学,首先要确保全域旅游的规划是科学的;因为项目建设是对旅游规划的具体执行,若规划本身不合适,项目建设就会出现方向性错误,项目本身开发设计得再成功,对全域旅游发展全局的贡献都极其有限。所以,在进行具体项目开发建设前,要首先对全域旅游规划本身的科学性进行评估,避免因不科学规划而导致的错误建设。

在一些大型项目建设时,本身也要对项目本身进行再规划。例如,全域旅游规划中有一处生态养生公园项目,在总体规划中或许不会对其项目的具体开展进行详细规划,在具体建设这个公园时,就需要对该公园进行详细规划。在项目规划的过程中,要注意仔细领会总体规划的发展目标,弄清楚该项目与其他项目的关系,从大局着眼、细处着手来进行详细规划。特别要注意项目建设中的生物多样性与自然、人文环境的保护规划,注意对项目建设对全域旅游目的地环境承载力的影响研究。此外,对项目经营管理人员、经营服务设施也应做预先的系统安排,确保项目能及时投入运营,尽早回收投资。

(二)可持续原则

可持续发展是全域旅游发展的基本原则,因此也是全域旅游具体项目建设应遵循的基本原则。全域旅游项目建设要遵循可持续发展原则，就要在具体开发建设中不仅满足旅游者在旅游地享受的需要，还要满足本地居民获得经济、文化全面发展的需要；不仅要合理利用当地的各类建设资源，更要为当地的全域旅游资源的维持和发展创造条件。

全域旅游项目开发的可持续原则，还需要重视有关利益各方的公平性问题。与全域旅游项目开发有关的旅游者、投资主体、当地政府和居民等相关主体都应该从项目的开发建设中获得足够的收益，实现项目开发的经济效益、环境效益和社会效益都达到较高水平。项目的开发和建设不应与本地企业和居民抢生计，而是要给他们创造提高收入的机会，不是要将本地的居民逼到其他地方去，而是要给他们创造良好的生存生活环境，不是要一味迎合游客而损害本地居民的利益，而是要让本地各主体与游客都能在项目的开发中受益。

（三）社区参与和防"溢出"原则

全域旅游的项目建设要鼓励社区参与，让当地居民加入到建设工作中来，甚至可以让他们成为建设的主流群体。这是体现全域旅游"全民共建共享"理念的重要途径，也是对全域旅游汇聚全域人力资源的重要体现，是对践行全域旅游理念的切实体现。所以，全域旅游的项目开发应积极地争取当地政府、社区、企业和居民的支持，即使是自然保护区、风景名胜区这类由国家直接管理的半封闭或封闭区域的项目开发，也应重视对当地资源和人力的科学使用，这一方面可以因为就地取材而降低项目开发建设的投入成本，另一方面也增强了社区参与度，而在后续经营行为上更容易获得他们的理解与支持。

防"溢出"，是在旅游项目开发建设及在今后的项目经营中要防止项目产生的收益流出到旅游区以外。这是鼓励社区参与的经济学原因，也是鼓励社区参与的目的所在。只有最大限度将受益留在区域内，才能维持当地居民对全域旅游项目开发的热情与信心。为此，在全域旅游项目开发过程中，要注重对当地居民进行培训和扶助，提高他们在相关方面的技能，更多地参加全域旅游项目的建设和从事旅游纪念品的生产、服务，鼓励创业、带动就业，从而使新的商业机会能在地方层次上解决，使全域旅游给当地经济发展带来效益[①]。

---

① 林丽波. 生态旅游开发的目标与原则 [J]. 现代经济信息，2015（24）:326.

（四）区域协同原则

全域旅游规划项目的区域协同原则有两层含义：一是对规划建设的项目要重视有序建设，不能一哄而上；二是项目的开发建设要多部门协同。在全域旅游的总体规划中已经对各个项目的开发建设进行了时间规划和开发建设顺序安排，这需要在项目具体开发时得到严格执行。但社会经济发展总是处于不断的变化发展中，实际发展中可能出现与规划中的前提不一致的情况，这就需要根据实际情况对项目开发建设的顺序进行必要调整，确保项目的建设与全域旅游整体战略的推进大局相一致。在项目的开发建设中，要避免完全由同一个承担部门闭门造车、单独冒进，忽视与其他部门和单位沟通协调的情况。这就需要建立高效的沟通协作机制，主体建设单位要有与其他部门和单位主动沟通的意识，其他相关单位要对项目的建设提供必要的支持和保障。

（五）全域旅游项目开发的用地原则

全域旅游项目的开发建设离不开用地问题，这在全域旅游规划中已经得到了体现。在具体项目开发建设中，要重视对以下问题的关注。

1. 依法用地原则

全域旅游的项目开发建设，要严格依法用地。要做到这一点，需要在以下几个方面展开相关工作[①]。

首先，要将全域旅游项目用地纳入土地利用规划、社会经济规划、城乡规划进行用地统一规划。这要求在编制全域旅游规划时，就要做好顶层设计，推进多规合一，将旅游相关用地空间和性质在法定规划中进行明确，用法律法规来保障全域旅游的发展空间，确保全域旅游项目的建设能切实展开。

其次，严格管控限制性和保护性空间。2015年，国土资源部联合住房城乡建设部、国家旅游局于印发了《关于支持旅游业发展用地政策的意见》，对很多应限制开发和禁止开发的空间提出了要求，住建部也有相关文件明确对其管理范围内的空间中的旅游开发活动进行

---

① 唐德军. 全域旅游的空间与用地管理 [N]. 中国旅游报，2016-04-27（A02）.

了规范和限制。全域旅游项目开发与建设中要严格遵守相关规定,明确各类空间的管控原则和措施,并落实具体责任单位,有效地实现空间管理。

再次,明确土地使用和供给方式。目的地应当在《关于支持旅游业发展用地政策的意见》的基础上进一步细化用地政策,出台当地旅游开发中的土地使用与供给细则,落实全域旅游项目、基础设施以及公共服务设施用地的供给方式、管理方式和使用方式,保证土地在全域旅游开发中的合理利用和规划。

2. 节约用地、积极拓展用地空间原则

在全域旅游项目开发建设中要科学计划、节约用地。在建设中要以《关于支持旅游业发展用地政策的意见》等规范为指导,积极推动对旅游项目建设用地、旅游扶贫用地、废弃用地、滩涂荒地、乡村旅游相关用地、文物设施利用、旅游新业态用地等的统筹利用。这一方面能保证项目有地可用,另一方面也能对传统废地进行改造再利用、拓展了用地空间,改善了地区环境。

3. 重视用地利用评价与监管原则

旅游用地具有多效益性,不仅可以获得经济效益,还可以获得社会效益和生态效益。全域旅游项目建设中的土地利用效果如何,应该得到及时评估和反馈,方能对后续土地的科学利用提供经验教训。为此,目的地应制定旅游用地综合评价标准,构建科学的指标体系,借助 3S 等信息技术,积极探索土地利用差别化评价与监管制度;借助 RS、GIS 技术,评价和监管全域旅游项目建设用地、旅游农用地和未利用地的开发利用情况[①]。

三、全域旅游常见项目的建设

全域旅游项目到底如何开发建设?不同的项目应有不同的建设要求和建设方式,这里对以下几类常见的全域旅游项目建设进行阐述。

---

① 张清军.全域旅游背景下旅游用地差别化管理政策体系构建:以韶关市为例[J].贵州农业科学,2018,46(10):168-172.

（一）全域旅游基础设施建设

旅游基础设施是指那些主要以当地居民为服务对象，顺便也给游客提供服务的设施，如道路、车站、通信、水电气等设施。在传统建设中，这些基础设施通常只关注了功能，未重视其观赏性和体验性，较少能给旅游者提供美的享受。全域旅游基础设施的建设不仅要提供游客旅游的基本服务功能，还要注重践行全域旅游发展理念，重视设施"旅游属性"的体现，将其建得好看、好玩、有趣，同时还要注意对区内各类资源的有效利用，做好"全"的文章。例如，水利建设在满足防洪排涝的功能外，还要满足游客审美游憩价值和度假需要；交通设施建设不仅要满足方便和安全的性能还应建成风景道，形成特色旅游吸引物，满足游客对生态自然的需求[①]。

（二）景区建设与升级

全域旅游的发展仍需要景区，即使是那些"大景区"类型的目的地，其发展也需要在现有景区的基础上进行升级改造，逐渐拓展原有景区的边界，最后才能实现全域旅游化。因此，景区的建设与升级是全域旅游项目建设的重要内容。在景区建设与设计中，目的地首先要重视对区域内老景区的升级改造，在环卫设施改造、停车场扩建、游客服务中心建设等方面加大投入；其次，用积极开发新景区，并不断拓展景区边界，逐步实现景区内外一体化。同时，还要注意通过景区联合协同发展，整体升级地区的全域旅游发展模式。

（三）美丽乡村建设

当前，美丽乡村建设是旅游供给侧改革的重要引爆点，也是全域旅游建设的重要内容。美丽乡村建设的路径各异，但总体来说可有两种形式：一是对村容村貌的改造提升，二是打造特色村庄。

在村容村貌改造提升方面，要本着"保持田园风光、增加现代设施、绿化村庄院落、传承优秀文化"的要求，全力实施环境整治、设施配套、服务提升、生态建设工程，实现村庄布局优化、民居美化、

---

① 席建超．"全域旅游示范区"创建地方实践需关注几个问题 [N]．中国青年报，2017-06-08（006）．

道路硬化、村庄绿化、饮水净化、卫生洁化、路灯亮化、服务优化等目标。同时,要对村庄的民居改造、垃圾处理、厕所改造、土地整理、新能源利用等方面进行提升。

打造特色村庄需要有相应的条件,如独特的民风民俗、独特的建筑风格、独特的生产作业方式等。具备这些条件的村庄,可以根据自身资源特点,因地制宜地开发特色乡村旅游产品,推出特色体验项目、创建特色旅游村庄。

(四)城镇改造升级

与美丽乡村建设一样,城镇建设也是全域旅游项目建设的重要内容。它也通常包括了两种建设内容:一是城镇风貌升级,二是旅游小城镇打造。

城镇风貌升级是发展全域旅游的要求,改善城镇环境是全域旅游项目建设的必备内容之一。在具体工作推进中,要重视对城镇原有特色风貌的保护,在保护的基础上加大市政工程建设,从基础设施和旅居环境的打造方面多下功夫。要防止简单模仿,千城千村千景一面;防止粗暴复制,低劣伪造;防止运动式、跟风式一哄而起,避免大拆大建,应创造富有特点的地段给居民及游客留下深刻印象。

旅游小城镇不一定是建制镇,是指依托具有开发价值的旅游资源,提供旅游服务与产品,以休闲产业、旅游业为支撑,拥有较大比例旅游人口的小城镇。它不是行政上的概念,而是一种景区、小镇、度假村相结合的"旅游景区"或"旅游综合体"[①]。旅游小城镇淡化了"城"的概念,强化了小镇建设对旅游资源、景区景点的依托,以及旅游的带动作用,是全域旅游开发中重要的建设项目。在具体建设中,要重视特色文化的载体作用,以文化整合区域内其他资源,城镇风貌及建筑特色要体现特定的文化主题;应围绕休闲旅游,完善小城镇中公共服务设施。

(五)文创孵化

创客是"大众创业、万众创新"时代的产物。处于大众旅游时

---

① 旅游小城镇——新型城镇化发展的创新模式.http://blog.sina.com.cn/s/blog_b7b22b0a0102vv4c.html.

代的中国，一般旅游产品已难以满足游客的需求，因此，需要创客为旅游行业融入新的力量，促进旅游行业的创新发展。全域旅游的发展需要创意，也承担着文创孵化的义务。因此，文创孵化也是全域旅游项目建设的重要内容。

绿维创景将文旅创客分为了4种模式，分别是文旅创客空间、乡村创客基地、文旅创客街区、个性化服务创客[1]。

文旅创客空间由一批具有对旅游及相关产业感兴趣的人集聚在一起而形成，注重个体创造能力的探索与发挥，内涵和目标是多元化的，并不以利益为主要诉求。它前期的主要职能是旅游产业爱好者集聚地与共同工作的场所，中后期或许能面向游客进行相关技能培训，或是通过提供场地、工具、设备，联系协调各类资源，支撑创意团队的项目开发。

乡村创客基地是在国家旅游局"百村万人乡村旅游创客行动"背景下形成的。乡村创客对乡村旅游产品与服务的理解与定位更加符合现代都市人群的消费倾向，能有效推动乡村旅游产品的与时俱进。同时，他们能借助互联网载体展开乡村旅游创业、创新，会更容易与现代社会接轨。

文旅创客街区是以改造的工厂、老街、古镇古村为载体，打造的休闲创客聚集区。创客街区的功能不仅是创业孵化和办公，要融合街区的特色，将创业者的消费、休闲、文化、旅游、社交等打造成一个生态系统，构成多功能的创客社交平台。

个性化服务创客是指为满足某种特定需要而存在的专业性较强的创客，它提供的产品或服务更个性化，也更具针对性。如工坊创客，区别于国画、油画、雕塑、陶艺等纯艺术类工坊空间，应将艺术特征与地方文化融合，与游客审美结合，形成木工坊、工艺美术工坊、戏剧演艺工坊、高新产业工坊等。个性化服务创客可能存在于前三种模式，也可能是独立存在的空间。另外，旅游达人、民宿、设计创客、老人服务、定制服务等也是个性化服务创客的重要形式。

全域旅游发展要尤其重视对后三种创客模式的孵化，在支持目

---

[1] 绿维创景.文旅创客四大模式.http://www.lwcj.com/w/146183537020463.html.

的地区域内创新创业工程的同时，也为地区旅游发展新思路的收集、新产品的开发提供广阔空间。

（六）融资模式搭建

全域旅游的项目开发和建设离不开资金融通，上述各类项目的落实都需要有资金的支持。关于资金来源，可以有国家财政资金、国内外贷款、建设主体自筹资金等。传统旅游开发主要有两种投资模式：一是政府投资模式，二是政府投资非市场化运作模式（即建设公益性质项目、不求回报），两者都会加重政府的负担，且资金来源有限。在新形势下发展全域旅游，可以考虑引进如下一些融资模式。

1. PPP 模式

PPP 模式是公共部门与私人企业合作模式，是指政府、营利性企业和非营利性企业以某个项目为基础而形成的相互合作关系的模式。新常态下的中国式 PPP 模式，将以"产融互动"为标志，本质特征是"融资+管理"双管齐下。PPP 将为基础设施提供重要的资本和专业支持，有利于创新投融资机制，拓宽社会资本投资渠道，增强经济增长内生动力；有利于推动各类资本相互融合、优势互补，促进投资主体多元化，发展混合所有制经济；有利于理顺政府与市场关系，加快政府职能转变，充分发挥市场配置资源的决定性作用[1]。全域旅游的项目建设应顺应新思路，通过创新融资方式，引导社会各类资金进入旅游产业。

2. BOT 模式

即"建设—经营—移交"。实质上是基础设施投资、建设和经营的一种方式，以政府和私人机构之间达成协议为前提，由政府向私人机构颁布特许，允许其在一定时期内筹集资金建设某一基础设施并管理和经营该设施及其相应的产品与服务。典型的 BOT 形式是：政府同项目公司签订合同，由该项目公司负责设计、筹资和承建某项旅游基础设施，项目公司在协议期内拥有、运营和维护这项设施，并通过收取使用费或服务费，回收投资并取得合理利润，协议期满后，这项设施的所有权无偿移交给所在地政府。这种模式能在政府资金有限

---

[1] 新常态下的中国式 PPP 模式解读及 PPP 在旅游业的应用 .https://mp.weixin.qq.com/s?__biz=MzA4OTA1MDI2OA%3D%3D&idx=1&mid=2651239563&sn=b8be1ad9ca4e25e2e91eb7d81c6de9e9.

的情况下，充分调动社会资本的参与地区旅游基础设施的建设。

3. BTO模式

即"建设—移交—运营"。是指民营机构为基础设施融资并负责其建设，完工后即将设施所有权（注意实体资产仍由民营机构占有）移交给政府方；随后政府方再授予该民营机构经营该设施的长期合同，使其通过向用户收费，收回投资并获得合理回报。这是吸收国内外企业和个人投资基础行业常采取的一种方法，也是全域旅游项目建设可以采取的投资模式之一。在我国，酒店业通过这种方式融资已有大量成功的先例。

4. TOT模式

即"移交—经营—移交"。通常是指政府部门或国有企业将建设好的项目的一定期限的产权或经营权，有偿转让给投资人，由其进行运营管理；投资人在约定的期限内通过经营收回全部投资并得到合理的回报，双方合约期满之后，投资人再将该项目交还政府部门或原企业的一种融资方式。这种模式能很好遵循政府的统一规划和集中建设，但又能迅速收回投资，用于开发其他项目，是全域旅游发展中可以尝试的有效模式。

5. ABS模式

即"资产支持证券化"融资模式，是指以目标项目所拥有的资产为基础，以该项目资产的未来预期收益为保证，在资本市场上发行高级债券来筹集资金的一种融资方式。它出售的是未来资产收入而不是资产本身，其价值在于可预测的现金收入，需要用未来现金收入为抵押，由金融机构进行评级并担保，为投资者提供安全、简化的投资手段[1]。随着我国金融市场不断完善，旅游业发展持续向好，ABS模式也是发展全域旅游的一种好方式。

此外，也可以由地方政府发行政府债务，建立引导基金等形式来为全域旅游项目开发和建设融资。

上述各种融资模式各有利弊，在全域旅游项目建设中要根据实际情况，选择合适的融资模式，拓宽融资渠道，快速高效地为全域旅游建设融资。

---

[1] 钱益春.旅游基础设施融资模式初探[J].特区经济，2006（9）:241-242.

第四章　全域旅游的系统整合

全域旅游是地区社会经济综合发展模式，它的推进不能再按照传统的发展思维，也不是仅仅依靠传统的旅游资源、提供传统的旅游要素，而是要在许多方面做出改变，探索一种能带动区域全方面发展的路径。在诸多变化中，旅游业对诸多要素的整合是其一大特征，本章将从全域旅游的要素整合、空间整合、时间整合、产业整合、数据整合、融资整合6个方面对全域旅游的系统整合进行分析。

第一节　全域要素整合

在前文论述中已知，随着世界旅游新常态的发展，旅游活动的要素也在不断丰富和完善。在传统的"吃、住、行、游、购、娱"六要素基础上又新增了"商、养、学、闲、情、奇"新六要素，是旅游活动要素变化中最广为人知的拓展。与旅游活动要素的变化相对应，全域旅游的发展也要体现出新的变化，这种变化，首先就体现为对全部旅游要素的整合。旅游要素是支持和发展旅游业所必需的基本因素，是旅游业产生、变化和发展的动因；既包含发展旅游业所必需的旅游支柱要素，又包含与旅游业发展密切相关的旅游活动要素、旅游市场要素、旅游电子信息要素以及其他相关要素等[①]。

一、对旅游支柱要素的整合

旅游支柱要素是支持旅游业发展的基础要素，主要包括旅游者、旅游资源、旅游产业、基础设施、服务设施、旅游环境、旅游文化等。它们如果不具备，就谈不上发展了完整的旅游产业；它们存在的状态如果不良，旅游业的总体发展质量就会打折。全域旅游发展模式要求整合旅游各项支柱要素，进行整体规划开发。全域旅游的发展首先要综合评估区域内的全部旅游资源，突出特色资源、核心资源的规划设

---

① 姜松.基于全域旅游发展思路下的旅游要素变化解析[J].中国商论，2018（7）:61-62.

计，积极开发全域旅游资源，形成完整的旅游产品体系；其次要分析旅游市场需求，优化旅游相关设施，完善服务供给体系；再次，要充分整合地方特色文化，实现文旅融合，打造全域旅游发展文旅环境；最后，建设美丽、绿色、健康的旅游生态环境，实现旅游与生态发展的良性互动。

二、对旅游活动要素的整合

旅游活动要素是满足游客各类需求的供给侧因素的集合，主要包括餐饮、住宿、交通、购物、娱乐、商务旅游、会展奖励旅游、节日庆典旅游、旅游营销活动、休学教育旅游、度假休闲旅游、探险旅游、网络虚拟旅游等。推动全域旅游的发展要重点规划设计目的地旅游活动方式，重视对这些要素的有效组合，除做好观光游览等传统六要素的旅游活动设计外，还要针对新六要素设计度假、休闲、商务等旅游活动，使各项旅游活动能体现最新的旅游需求动向，反映人民日益增长的文旅新需求。

三、对旅游市场要素的整合

旅游市场要素是对旅游产供销所涉及的各种因素的总称，主要包括旅游供应商、旅游生产者、旅游分销商、旅游产品、旅游宣传推广、旅游消费者、旅游客源地、旅游目的地、旅游通道等。全域旅游发展要求通盘规划区域市场经济发展模式，需要对此类要素进行全盘考虑并实现有效整合。要重视与区域内外旅游供应商建立广泛高效的合作方式，与同类生产者进行有效合作和协同发展、避免同质恶性竞争，建立畅通高效的旅游营销通道，做好旅游产品的售后服务等。要实现旅游客源地与目的地之间的良性互动，在经济合作、文化互通、相互理解、彼此尊重等交流领域建立有效的合作通道。

四、对旅游信息要素的整合

旅游信息要素是指与旅游业和地区社会经济全面发展有关的各类信息要素的总称，主要包括旅游资源信息、景点景区信息、旅游交通信息、住宿信息、文娱信息、旅游统计、旅游科学研究等各方面。

随着信息时代的到来，电子化、数据化已经成为常态，对旅游信息要素的整合主要体现为对旅游电子信息要素的整合。这些要素主要包括旅游咨询网站、旅游电商平台、旅游政务网站、旅游电子终端交互平台、电子旅游产品、在线虚拟旅游系统、旅游在线服务平台、旅游顾客电子管理平台、旅游信息管理平台等。在互联网背景下，区域经济发展也包含数字经济的发展，大数据、云计算、人工智能、智慧城市等数字要素与旅游经济的结合越来越紧密，形成了诸多新的旅游电子信息要素，在发展全域旅游时，十分有必要重视对这些旅游电子信息要素的整合，在建设旅游网络服务平台、旅游电子商务平台、旅游电子服务终端，开发建设电子旅游产品等方面积极探索实践。

五、对旅游其他要素的整合

除了上述要素外，全域旅游的发展还要重视对与制约因素和趋势因素有关的其他要素的整合，包括法律法规等政策要素、新兴旅游相关科学技术要素、社会公共服务要素、社会生存环境要素、国际旅游发展方向要素等。旅游法律法规是制度保障，旅游科学技术是技术保障，旅游环境以及公共服务等是发展全域旅游的其他必要保障条件，它们要么对全域旅游战略的实施会产生规范作用、形成了一定的制约，要么是全域旅游战略努力的方向、属于引领性因素，在全域旅游发展中也要重视对此类因素的整合。

第二节 全域空间整合

陈晓华、叶庆华对区域空间整合理论进行了研究，认为空间结构是区域发展的函数，可以通过空间结构的调控来调整区域发展状态；他们将区域空间整合解释为"通过人为干预和科学引导空间结构的转型"，认为它是区域发展的客观要求[①]。区域空间整合可以分为区域系统内部的结构优化和与其他区域协调发展两个方面。前者是建立人口、社会、经济、生态环境协调发展的区域社会经济系统，旨在区域

---

① 陈晓华，叶庆华.区域空间整合研究：理论演进与研究内容[J].池州师专学报，2006（3）:65-69.

空间系统的有序化；后者是实现不同区域的协同发展，如边缘区与核心区之间的协调发展、两个城市经济系统之间的协调发展等。

全域旅游要实现"全空间"的旅游发展，但并不是对全区域内每个空间都采用一样的利用方式，而是要通过景区、度假区、乡村等的联动，实现对各类空间的有效整合，形成一体化发展结构。

一、旅游空间理论

在学界对旅游发展有重要影响的空间理论主要有三类：旅游空间结构理论、旅游空间演化理论、宏观指导理论[1]。在对全域旅游进行空间整合时，可以这些理论为指导展开实际工作。

旅游空间结构理论强调在自然规律和社会经济规律作用下，区域旅游产业结构和水平的不均衡性以及区域间的旅游产业的相互影响作用，主要包括地域分异规律、梯度推移理论、核心—边缘理论。地域分异规律是指地理环境整体及其组成要素在某个确定方向上保持相对一致性，而在另一确定方向表现出差异性，因而发生更替的规律。正是这种分异规律导致了旅游吸引物和旅游客源市场的空间分布不规律性，可引之为全域旅游规划的基础理论。梯度推移理论揭示了生产力在不同空间上存在着梯度差异，并存在由高梯度区向低梯度区推移的规律。在全域旅游发展中，它是解释区域内旅游发展不平衡和进行梯度开发的基本理论。核心—边缘理论认为，任何区域都是由核心地区和边缘地区组成的，其中核心区域往往由一个城市或城市集群及其周围地区组成，边缘则是核心区域的外围地带，边缘区与核心区相互依存，整个区域的发展方向主要取决于核心区，二者组成一个完整的地域系统。按照此规律，全域旅游在空间上不可能实现完全的均质发展。

旅游空间演化理论揭示了区域动态发展的机理，主要有增长极理论、"点—轴系统"理论。增长极理论认为，经济增长首先出现一个或数个"增长中心"，然后通过连锁效应和推动效应由点到面、由局部到整体向外扩散，并对整个经济产生不同的最终影响。"点—轴系统"理论认为，在区域发展过程中大部分要素在中心城市等"点"

---

[1] 高元衡，王艳，吴琳，等. 从实践到认知：全域旅游内涵的经济地理学理论探索 [J]. 旅游论坛，2018，11（5）：9-21.

上集聚,并依托由线状基础设施所形成的"轴"在空间上进行集聚和扩散;在集聚和扩散的过程中,"点"和"轴"共同构成了"点—轴系统"并对周边区域产生强大吸引力和凝聚力,并促进"点—轴系统"不断地完善升级。全域旅游的发展要突破传统"景点景区"模式,向更广范围的"全域"拓展,进而形成有效的空间整合,可依托这些理论来探索实现途径。

宏观指导理论主要有地域生产综合体理论、PRED系统协调理论和可持续发展理论。地域生产综合体理论是指从区域的内部视角出发,为达到某一经济效果,由政府主导,以企业间的技术经济联系和产业链为纽带,引导组织众多企业在一定区域空间内聚集,形成相互协调的产业集聚或产业集群的理论。PRED系统协调理论将区域分为人口(Populations)、资源(Resources)、环境(Environment)和社会发展(Development)4个子系统,其中人居于中心地位,通过生产生活作用于资源和环境系统,实现人类和社会的发展;在区域发展的过程中,4个子系统之间不断相互促进、相互协同,由协调—不协调—协调,循环往复,处于一种动态的变化过程中。

二、空间要素分析

根据上述空间演化理论,全域旅游的区域空间发展是基于"点"到"轴"再到"面"的均衡发展过程,而这种由"点"到"轴"的扩展方向与进度,受区域内各相关空间要素的影响。在全域旅游框架下,要通过统筹旅游资源、系统打造旅游空间、协调区域空间发展的关系,实现对空间要素的有效整合[①]。

首先,要重新审视区域内的旅游资源,将具有特色、差异化的自然环境、人文特质、社会网络等资源纳入到旅游吸引物的打造中,形成新的旅游资源保护开发体系,并在区域空间统筹规划中加以明确。

其次,要加强对旅游空间管制单元的控制,根据新资源观下的区域旅游资源分布状况,结合区域内城乡发展的现实及未来发展方向、

---

① 杜宁睿,高岩.中产化背景下全域旅游空间规划探析[J].城乡规划,2018(4):73-80.

生态环境保护的要求等,划定各类空间管制单元,包括城镇建设区、乡镇建设区、生态保护区、农田保护区、风景旅游区等,并实施严格的空间管控。

再次,划定旅游空间管制体系,旅游空间在功能上并不是单一的,各种旅游活动可能与城乡其他的生产生活活动相交织,同样的空间在兼有旅游活动功能的同时,也可以兼有其他的功能。因此,在合理划定"三生空间"(即生产空间、生活空间、生态空间)及各个控制线(即城镇开发边界、生态保护红线、永久基本农田保护线等)时,应当划定旅游开发及保护控制线。

最后,要将全域旅游纳入到区域空间发展规划的框架中,通过"多规合一"的技术及管理手段,将旅游业的空间发展纳入到区域的整体发展框架中。对于旅游发展空间突破行政辖区地域范围的,要从战略高度进行跨区合作,建立跨区域协商机制,协调各地区的发展目标,减少分歧,并对旅游环境保护职责进行划分,以期达成共识,使不同区域之间、不同城市之间、城乡之间在旅游业发展的带动下,形成协调发展的共赢局面。

三、交通要素整合

绿维文旅认为,全域旅游的空间整合关键在路。一条最美公路,可以形成全线贯通及全域升级。全域旅游的交通整合,是依托完善的交通设施,通过"主题景观+主题活动"的提升,对全域空间上的重要旅游节点进行的串联[1]。以交通来整合空间,要在以下几个方面开展工作[2]。

首先,在全与范围内布局构建便捷高效的"快进"交通网络。依托高速铁路、城际铁路、民航、高等级公路等构建"快进"交通网络,提高全域旅游目的地的通达性和便捷性,实现游客远距离快速进

---

[1] 绿维文旅:全域旅游的系统整合.https://www.jianshu.com/p/25c48eff81fa.
[2] 关于促进交通运输与旅游融合发展的若干意见.https://mp.weixin.qq.com/s?__biz=MjM5OTk5MTgzNg%3D%3D&chksm=bf3a938d884d1a9b88d54fc5d760bf90c77dae8d232a8de3c0e363361877f82140939ae56182&idx=1&mid=2650619134&scene=21&sn=d4c7fe652742182396d7db6460451157.

出目的地。从多样化旅游需求入手，对区域内游览参观线路进行合理化设计，将点、线、面等旅游空间要素与区域空间发展进行统筹，将交通性功能与游览性功能进行合理组织，处理好干线交通与景区游览交通之间的衔接；同时，大力完善乡村道路系统及各类旅游交通设施，疏通末端"毛细血管"，形成旅游通达的全覆盖格局。

其次，在全域内组织多元化交通出行方式，建设满足旅游体验的"慢游"交通网络。因地制宜建设旅游通道，结合沿线景观风貌和旅游资源，整合游憩、体验、运动、健身、文化、教育等复合功能，合理配置旅游风景道、城市绿道、自驾专线、骑行专线、登山步道、各类交通驿站等。在为旅游者提供便捷的交通服务的同时，满足其多样化的交通体验需求。

四、微空间的设计

全域旅游强调"由物到人"的转变，重视对旅游者寻求不同经历与体验需求的满足。旅游空间是人与旅游环境互动的场所，一家幽静的咖啡厅、一顿美味的佳肴、一间舒适雅致的客房、一条充满诗意的廊道都可能成为游客到访的理由[①]。因此全域旅游发展中要重视对这些微空间的打造。

首先，要重视微空间品质和特色的打造。旅游活动是满足人们高层次需要的，在休闲时代的今天尤其如此。全域旅游开发中对微空间的打造，无论是风景优美的游览胜地，还是住宿、餐饮、购物等服务设施集聚地，都要求独具匠心、品位独到的环境营造。在各类微空间的打造中要遵循艺术化、特色化、生态化的原则，重视对品质和特色的塑造。

其次，要结合地区、时代等融入新元素。全域旅游微空间要能给予游客优美、新颖、奇特的环境体验和富有时代特色的流行元素体验。在游览空间的组织及营造中，应结合当地自然生态的特性和当前流行生活方式，注重对地方文脉和风土民俗的发扬，将这些自然、文化、时尚等元素转化为设计符号，创造一种全新的旅游体验空间。

---

① 杜宁睿,高岩.中产化背景下全域旅游空间规划探析[J].城乡规划,2018(4):73-80.

最后，要重视主题的打造和环境的协调性。全域旅游微空间的打造要重视人的舒适性和体验性，将新、奇、特等创新性元素和设计理念融入其中，进行主题化设计。同时，要注意微空间与周边景观及全域旅游总体发展大局的协调性，使建筑空间与自然环境相融合、小主题与大主题相匹配、人造景观与自然景观相和谐。

第三节 全域时间整合

季节性差异所带来的问题是我国旅游业发展中一直难以解决的困局。季节性导致了淡旺季差异。旺季太忙，旅游地不能对到访游客提供周到便捷的服务、无法有效满足旅游者的各方面需求；旅游者旅游获得感低，满意度低，不利于旅游地客源市场的稳定和市场形象的塑造。淡季太闲，大量资源闲置，投资回报率极低。另外，随着休闲时代的到来，旅游者在游览参观中希望能突破传统的"8小时"服务，将休闲体验扩展到8小时之外。发展全域旅游，就要能通过对时间的有效整合，突破季节性和"8小时"所带来的困局，提高资源利用率、增多旅游体验点、提升游客满意度，最终实现区域社会经济效益的大幅度提升。

一、全季节旅游

全季节旅游，就是要消除目的地的季节性差异，实现旅游地全年游客到访数量的均匀化，做到"旺季不扎堆，淡季不罗雀"。从我国旅游发展的实际来看，旅游资源、旅游者外出旅游行为和旅游业的经营上都具有时间变化性，而这种时间变化性又表现在年、季度、月、周及每天之中。这里主要以年为周期来探讨全域旅游如何削弱季节性。

李团辉等将旅游季节性的原因归纳为以下四类：旅游资源、旅游需求、旅游业、人为因素[1]。旅游资源在特定季节才会呈现出最好状态，旅游市场的闲暇时间和出游习惯在时间上比较集中，旅游业的

---

[1] 李团辉，段凤华.浅析旅游季节性表现及成因[J].桂林旅游高等专科学校学报，2006（2）:137-140.

供给和一些政策制定等人为因素都是造成旅游季节性的根本因素。要从根本上解决旅游的季节性问题,单靠旅游目的地是不可能解决的。例如,政府要出台相关政策,改革假期制度,推行带薪假期,尝试错峰休假;旅游者要转变观念,科学规划出游;旅游供给测要加大改革,推进"全季节"旅游产品等。这里将仅从旅游目的地的角度出发,探讨全域旅游战略下旅游目的地如何降低甚至消除季节性。

(一)创新旅游产品,避免淡季"门可罗雀"

很多目的地季节性太强,都是因为旅游资源的季节性太过明显,只有在特别季节才能形成有效旅游供给,而其他时段则没有旅游产品可供消费。因此,在全域旅游模式下,旅游地要创新旅游产品类型,最大限度地避免季节对旅游活动开展所带来的影响,开发设计适合全季节全年度的旅游项目,在开放中融入环保可持续发展的理念,从文化、民俗、养生保健、医疗、运动赛事、会议等多个主题深度挖掘旅游地资源属性,设计推广全季节旅游项目,并创新旅游体验,开拓更为广阔的旅游市场[1]。

针对四季旅游产品,绿维创景提出了以下方案[2]。

在气候温度相似的春秋季节,旅游目的地可通过"艺术+参与体验"的手法,朝着"大地景观+庙会节庆"的方向发展。在全域旅游开发中,以大地艺术景观为吸引要素,以文化体验、休闲游乐为主导,通过举办节庆、节事、庙会等多种形式的主题活动,将春秋季旅游打造成集观光游乐、文化体验、特色购物、特色餐饮、特色住宿等于一体的休闲度假方式。

高温的夏季可发展与水上乐园有关的旅游项目。但目前水上乐园太多,要避免千篇一律,旅游目的地要紧密结合市场需求和本土元素、挖掘文化内涵、注入文化灵魂、打造独特的主题,塑造水上乐园独特的吸引力。在水上乐园的建设中,要确保所有的建筑、景观、游乐设施、活动、表演、气氛、附属设施、商品等服务于"主题"定位,

---

[1] 刘溪辰.针对旅游季节性特征的错峰旅游刍议[J].辽宁师专学报(社会科学版),2018(1):7-8.
[2] 林峰.如何打造四季全时旅游引爆性项目[J].中国房地产,2016(20):54-56.

在主题整合下，形成项目的独特吸引力，凸显"独特性卖点"，最终形成主题品牌。

寒冷的冬季更容易形成旅游淡季，但其鲜明的季节特色催生出许多独特的景致与游憩方式，旅游目的地可借助冰雪、民俗、温泉等冬季特有的资源，结合休闲运动要素，打造"温泉+冰雪嘉年华+庙会+温室"的产品架构。

（二）科学管理流量，避免旺季"游客扎堆"

多数学者的研究将精力锁定在了如何让"淡季不淡"，但旅游"旺季太旺"对于游客和目的地来说也都不是好事，是全域旅游发展中也要极力避免的。旅游旺季的形成有着多方面因素，但旅游目的地对游客流量的管理不善，是其中一个重要的原因。全域旅游发展中要避免这个问题，要"抓紧建立景区门票预约制度，对景区游客进行最大承载量控制"。旅游目的地的环保、水利、地质、旅游、交通等部门可通力合作，采用科学的方法测量和规划景区的最佳客流和最大客流量。旅游接待部门可通过加强信息化、智能化建设，依托票务系统和信息平台，实现信息公开、提前公告、门票预订、团队预约、分批进入和总量控制等功能，控制游客人数，帮助游客了解景区客流变化的动向，更好地规划自己的旅行线路，避免造成盲目扎堆的现象[①]。

二、全天候旅游

全天候旅游，是打破"8小时"服务窘境，让游客在一天24小时中随时可以感受目的地的旅游服务。这一方面可以让目的地的面貌更加全面地呈现给旅游者，满足游客多方面体验的旅游需要；另一方面也延长了旅游营业时间，扩充了增加收益的途径。为此，在全域旅游发展中要积极探索夜间旅游产品的打造，实现"全天候"旅游服务的提供。

李欣对中国夜间旅游产品进行了详细研究，将夜间旅游产品分为了文创型、观光型、商业型、景区型4种模式[②]。

---

① 冯学钢. 反季旅游常态化 [J]. 旅游学刊，2015，30（2）:5-7.
② 李欣. 中国夜旅游创新发展研究 [D]. 上海：复旦大学，2014.

文化型夜间旅游产品主要是指通过文化类旅游活动、文化型旅游项目吸引旅游者参与到一系列体验、表演、娱乐、活动中来，满足人们精神文明发展的需求。旅游演艺和旅游节事是文化型夜旅游产品的典型代表。这类产品创新设计的关键在于文化主题的选择与品牌的树立。理解文脉、把握文脉是进行文化型夜间旅游产品设计的重要前提，既可以顺应文脉设计，也可以突破文脉出奇制胜的反向思维，还可以顺应与突破巧结合的多视角设计。

观光型夜间旅游产品主要是依托日益先进的照明技术，通过光的艺术演绎，打造美轮美奂的夜间景观，吸引旅游者进行游览观光。全域旅游的项目开发中，可以建筑物、构筑物、景观雕塑等的亮化为基础，烘托夜间基础氛围，以结合灯光及高科技技术的灯光秀、水幕电影等为主要体验内容，同时结合灯光展演、激光音乐节等主题活动，形成夜间旅游的引擎带动。亮化工程需要以人的需求为出发点，突出景观艺术性，重视安全实用性，体现绿色节能[1]。

商业型夜间旅游产品既是夜间消费的主要领域，也是夜间旅游产品的重要组成部分。全域旅游的商业型夜间产品打造，可以通过建立多样化的集零售、餐饮、娱乐等多元业态为一体的综合性商业化闲中心、品牌集聚的特色商业街或风情浓郁的夜市等，形成多街区多业态的消费聚集结构，以满足旅游者充分选择、休闲生活和个性消费的多种要求。

景区型夜旅游产品是在传统景区范围内，通过对景区旅游资源的进一步深化开发，挖掘景区内的文化，通过一系列综合化多元化的旅游活动，展现出夜间景区魅力的旅游产品。这种模式打破了景区传统作息时间的制约，将传统景区的营业时间予以了扩展，将以往不能为游客所体验到的夜间风情也展示给了游客，是传统旅游景区为适应夜旅游发展而做出的有益尝试。全域旅游在推行这种模式时，最关键的是转变观念，接受将传统景点景区予以夜间开放的观念，并在设施设备上加以改进，增加夜间安全保障和旅游救助等措施，确保夜间旅游活动顺利开展。

---

[1] 绿维文旅：全域旅游的系统整合. https://www.jianshu.com/p/25c48eff81fa.

三、工作日方案

旅游活动的开展不止因季节而体现出淡旺差异，在短周期内，工作日和闲暇日的差异也较大。通常情况是，工作日大家都在上班，旅游设施大量闲置；闲暇日休闲需求产生，接待部门方可正常营业。对于旅游目的地来说，如何开发有针对性的旅游产品，提高旅游设施在工作日的利用效率就成了一个重要的课题。绿维文旅认为，解决工作日方案，可将目光锁定在研学旅游、老年旅游、会奖旅游3个黄金潜力市场。

（一）发展研学旅游

2014年的《国务院关于促进旅游业改革发展的若干意见》将研学旅行作为拓展旅游发展空间的重要举措，并支持各地依托资源建设研学旅行基地。如果一个地区具备了良好的气候、生物、地貌、历史文化等资源，那么它就具备开展研学旅行的先天条件。在支持性政策不断出台、父母对子女的教育越来越重视、居民家庭支付能力不断提升的当下，研学旅游将成为中国旅游的有一个增长点。全域旅游开发目的地可推出工业科技旅游产品、自然生态旅游产品、历史文化旅游产品、红色经典旅游产品、乡村扶贫旅游产品、现代景观（城市）旅游产品六大研学产品，积极推进研学户外基地、研学旅行基地建设，带动区域工作日旅游业的繁荣。

（二）发展老年旅游

2018年年末，我国60岁以上老年人达到了2.49亿人。随着老龄化社会的来临，老年旅游市场将潜力无限。老年人时间自由，财力丰足，是全域旅游模式下带动工作日旅游的又一重要途径。旅游目的地要根据老年人旅游的特点，让老年人在安全、轻松、私密、整洁、舒适、和谐的环境下，体验休闲度假、旅居交友等活动的乐趣，将度假与养老这两个服务业进行融合,打造适宜老年人旅游度假的产品模式，促进地区工作日旅游繁荣。

（三）发展会奖旅游

传统的商务旅游、公务旅游都具有弱季节性的特点，而随着我国社会经济进入新常态，会奖旅游正成为不断攀升的旅游业黑马。会奖旅游不受季节、节假日、周期长短等时间因素的影响，是解决工作日旅游平淡的潜力市场之一。旅游目的地可关注市场热点，积极开发会奖旅游产品，以会议形成产业聚集，以会奖旅游、会议接待为特色及主导，以其他旅游产业为支持，建设拥有大规模休闲度假项目和住宿接待设施的会都模式，促进目的地旅游业态的多元化发展。

第四节 "旅游+"：泛旅游产业整合

通过"旅游+"，可以形成多产业的资源整合，形成全域旅游的产业融合发展模式，如"+农业"的乡村旅游、"+城镇"的特色旅游小镇、"+工业"的工业文创体验园、"+科技"的AR与VR虚拟体验园、"+教育"的研学旅游、"+体育"的体育旅游小镇与运动度假综合体等。下文简单论述几种常见的整合模式。

一、"旅游+农业"

党的十九大报告指出，农业农村农民问题是关系国计民生的根本性问题，必须始终把解决好"三农"问题作为全党工作重中之重。为此，报告提出了实施乡村振兴战略，从多方面谋划"三农"问题的解决之道。在全域旅游背景下推进"旅游+"模式，是乡村振兴战略的重要抓手，在解决"三农"问题、拓展农业产业价值链、助力脱贫攻坚、城乡统筹建设等方面发挥巨大作用。

"旅游+农业"，是以优质生态环境为依托、以大农业资源为基础、以品质乡村旅游为引导、以城乡一体化协调发展为目标，打造集"生态产业、现代农业、农产品DIY加工、乡村旅游、养生度假、休闲地产、创意文化"为一体的综合开发项目，包括美丽乡村、田园综合体、乡村旅游休闲度假区、国家农业公园等[1]。其中，田园综合体是集现代农业、休闲旅游、田园社区为一体的特色小镇和乡村综合发展模式，

---

[1] 绿维文旅：全域旅游如何整合产业与大数据？http://www.cntour2.com/viewnews/2019/03/11/MsHvdpQ2iqKzoZvnn2UJ0.shtml.

是在城乡一体格局下,顺应农村供给侧结构改革、新型产业发展,结合农村产权制度改革,实现中国乡村现代化、新型城镇化、社会经济全面发展的一种可持续性模式[①]。

在全域旅游发展中,要积极更新发展理念,创新农业经营方式,挖掘农业内涵,促进农产品向旅游产品转变。这方面,可以尝试以下几种模式的应用:休闲体验型,游客不但可以充分领略青山碧水的田园风光,感受绚丽多彩的乡风民俗,还可以亲身体验农家生活,吃农家饭、喝农家酒、住农家屋,从而满足人们返璞归真、回归自然的心理需求;娱乐观光型,在山地景区地带,利用自然景观资源,为游客提供观光避暑、休闲娱乐等旅游产品;特色资源型,若目的地有特色资源可以凭借,可以"特"立业、以"特"兴业;多功能综合型,集休闲、观光、娱乐为一体的农旅发展模式[②]。

二、"旅游+工业"

作为全域旅游思维下"旅游+"谋求新业态的重要组成部分,"旅游+工业"是以工业文化、工业遗址、工业生产过程、特殊工艺、工人劳动生活场景为主要吸引物,形成集工艺流程观赏、工艺体验、主题文化体验(文化体验馆、博物馆、主题演艺、文化长廊)、主题景观观光等为一体的综合性发展模式。这种融合创新不仅让传统旅游找到业态重组的可能,也在给工业转型提供强大动力,在激活传统经济、优化产业结构、延伸产业链条方面具有重要作用。

"旅游+工业"模式在我国已有广泛的实践,一些工业企业在发展主业的同时主动与旅游业融合,不仅在经济收入上获得了大幅提升,更在延长产业链的同时提升了品牌的知名度和影响力。但是,由于该模式受工业企业的影响较大,目前最大的问题是旅游客户群体有限,除商务考察团、研学团之外,很难吸引其他类型的游客到访。在全域旅游模式下探索"旅游+工业"模式,要在更高层次上寻求多种要素的融合,同时强化创意,注重与游客的互动体验,打造可学、可

---

① 一诺休闲农业规划.田园综合体:休闲农业和乡村旅游发展的大方向.http://www.sohu.com/a/141143826_247689.
② 肖正科.深化农旅融合 发展全域旅游[J].湖南农业,2017(7):36.

娱、可购、可闲的新型工业旅游产品。

三、"旅游+文化"

文化是旅游业的特色所在，旅游是文化产业的优势所承；文化为旅游业提供丰富的内容依托，旅游则为文化消费创造巨大的市场空间，为文化保护传承提供有力支撑。因此，推动文旅融合发展是建设全域旅游的重要课题。

全域旅游背景下的"旅游+文化"，形在"融"而意在"合"，可从以下几个方面展开具体的融合工作：首先，以传统景区为载体，打造文旅休闲类的大型综合景区，并对已有的文旅资源进行空间上的延伸、拓展和再造，形成文旅融合的集聚空间。其次，推动文化创意与设计服务行业发展；组织实施对区域历史名人、民俗风情、遗产遗迹等各种文化元素的专业化包装、策划和创意；建设区域文化品牌，注册区域文化类商标，推动文化创意和设计服务走向旅游市场、文化市场，促进文旅产业深度融合。再次，目的地要积极打造融资平台、媒体融合平台等文旅融合平台，为区域"旅游+文化"创造条件。第四，要重视文旅新业态的培育，建设文旅小镇、影视基地、主题乐园、文旅融媒体运营中心等大型文旅项目；开展文化类旅游节庆活动，建设文化主题酒店、民宿、特色餐馆、餐饮品牌；大力开发文创旅游产品，开发国家公园、博物馆、非物质文化遗产传承展示中心的旅游产业功能，大力推广文化遗产旅游，鼓励各类文化惠民演出向游客常态化开放。最后，要重视文旅融合的制度建设，在资源开发与保护政策、文旅融合创新机制等方面做出积极尝试[1]。

四、"旅游+教育"

随着传统教育弊病的不断凸显以及人们教育理念的不断改观，亲近大自然、寓教于乐、户外探索等新型的泛教育活动成为很多人的追求。全域旅游下的"旅游+教育"，可有丰富的内容和多种呈现形态，它可以是国际、国内的教育交流、访问、会议，可以是教师休养

---

[1] 粟实．聚焦"五大抓手"深化文旅融合[N]．山西日报，2018-11-20（009）．

度假、教学科研游，也可以是学生的出入境修学旅游；特别是寒暑假期间各种内容、各种形式的夏（冬）令营，大学学府游，亲子游，科技旅游，教育考察，文学旅游，国防旅游，科普教育游，景区观光旅游，书法观赏与交流，民族文化游等[①]。

在旅游项目的打造方面，旅游目的地可以依托休闲农业、特色文化、户外运动、自然景观、宗教等资源，以旅游为手段，以获取成长及知识为目的，举办"亲子农场、青少年文化研学基地、智慧营地、智慧农场、户外探索基地、禅修基地"等创新业态以及众多主题营、动漫艺术节、非遗体验周、"阅读+旅行"等活动，推动旅游与教育的深度融合。

五、"旅游+科技"

"旅游+科技"有两层含义，一是以科技成果和科技产业为旅游核心吸引物，发展科技旅游；二是借助科技技术手段、增加旅游业的科技含量，发展智慧旅游等新型旅游业态。

科技旅游是以旅游资源中的科学技术要素和成分为基础，利用各种自然和人文景观，进行科技和旅游的综合规划设计，形成集科普、生产、加工、销售、观光、尝试、体验、娱乐为一体的旅游活动或产品[②]。传统科技旅游通常有工业园区旅游、高新科技展示、科技场馆旅游、生态科技旅游等常见形式，它们的发展均已有相对固定的模式，全域旅游的项目开发若要发展科技旅游产品，可广泛借助这些成功的模式，尤其是2017年我国首批"十大科技旅游基地"的成功模式。

科技除了能作为核心吸引物开发科技旅游产品外，它对旅游供给的体验化发展和旅游业升级的助推作用也很明显。全域旅游开发中要发挥好这一作用，要广泛借助科学技术力量，如借助互联网和大数据建立旅游信息平台，通过虚拟三维和VR等时下大热技术开发全新体验产品，发展智慧旅游系统等，促进科技技术在旅游行业中的广泛应用，提升旅游产品的科技含量，促进旅游与科技的全面融合。

---

① 林晓丽.浅谈教育旅游的内涵与发展思路[J].青年文学家，2011（21）:173.
② 朱丽君.我国科技旅游的发展现状及对策研究[J].科技进步与对策，2007（4）:87-91.

上文对几种常见的"旅游+"形式对全域旅游下的泛产业整合进行了探讨，但"旅游+"并不只有这几种形式。旅游目的地可根据自身情况和发展战略，选择合适的"旅游+"模式，积极培育新业态，促进全域旅游项目开发的多元化升级。

第五节 全域数据整合

旅游业的发展离不开数据；数据既是反映旅游业发展状况的晴雨表，也是各旅游主体进行市场分析和进行各类决策的主要依据。当今世界数据众多，从不同渠道搜集的数据或许并不一致，或不能真实反映事情的原貌。旅游数据使用者通常需要对各种渠道搜集的数据进行有效整合，才能得到足够有用的信息。

一、全域旅游数据来源

全域旅游数据来源渠道众多，主要有政府数据，互联网数据或移动端数据，各景区、酒店、旅行社等企业拥有的数据等。

（一）政府数据

旅游行政部门或国家统计局部门都会定期发布各种统计公报信息，如旅游行业发展总体情况、国民收入水平、消费者购买力水平以及有关的经济政策、法规等均是旅游数据的主要来源。特别是旅游行政部门的统计数据，既具有专业性又具有较高的权威性，是全域旅游数据整合时的重要来源。另外，必要时，也需要对交通部、环保部、商务部、公安部等政府部门的数据进行整合。

（二）互联网数据或移动端数据

互联网数据是大数据的主要组成部分，主要来源于各大搜索引擎、OTA、UGC型网站、社交网站及媒体以及手机LBS。这些数据获取容易，但很多资料难辨别真伪，也有部分资料看时效性较差，还有些资料是通过购买或付费的方式才能看到。

（三）旅游企业数据

景区、酒店、旅行社等运营方都有自己的管理系统。游客在景区或酒店的消费能力、消费次数、消费偏好、消费轨迹等，以及性别、年龄、籍贯、职业等基本信息都会有所记录，这些信息的记录都将成为未来旅游大数据的重要组成部分。

（四）旅游协会或其他行业组织数据

旅游协会或其他行业组织会定期或不定期地通过内部刊物发布各种资料，包括旅游行业法规、经验总结、形势综述、市场信息、统计资料汇编、会员经营状况和发展水平等。这些信息资料系统齐全、灵敏度高，是全域旅游数据的重要来源。在我国，中国旅游协会、中国旅行社协会、中国旅游饭店业协会、中国旅游车船协会、中国乡村旅游协会等都是十分重要的行业性组织。

（五）旅游研究机构

当前市场上还存在不少旅游高校、旅游科研单位、市场调查咨询公司等研究性机构，它们也会经常发表旅游行业的市场动态情况和专题性数据报告，这些数据也是全域旅游数据整合的重要来源。

此外，与全域旅游发展有关的数据来源还有新闻媒体数据、图书馆数据、各类专题会议的数据等。

二、全域旅游数据整合

数据整合是把在不同数据源的数据收集、整理、转换后加载到一个新的数据源，为数据消费者提供统一数据视图的数据集成方式[1]。全域旅游发展中从各渠道所收集的数据系统性差，完整性、准确性、及时性等方面均存在较大差距，可利用性低，只有对这些来自不同渠道的数据进行有效整合，才能更加清晰地发现蕴含在数据背后的真实情况，发挥数据的作用。

---

[1] https://baike.so.com/doc/9128889-9461961.html.

全域旅游的数据整合，要依据实际情况选择Mediator/Wrapper（中介器/封装器）、Agent（代理整合）、P2P（对等网）、数据仓库等整合机制，重视对海量数据存储、ETL技术等整合技术的应用，科学规划整合流程，重视数据的采集和处理，谨慎采取数据整合策略[①]，进行游客行为分析、旅游景区或目的地的偏好度分析等，确保数据对目的地全域旅游发展的合理贡献。同时，要依托数据整合结果，借助互联网和大数据技术开展多形态的旅游服务，使全域旅游目的地由传统服务向信息智能化服务转变，提升游客旅游体验，实现旅游企业与管理部门的智能化管理，实现旅游产品和服务的针对性开发、精准性营销、智慧化服务和管理，助推地区全域旅游的快速发展。

---

① 严斌.面向智慧旅游信息系统构建的旅游数据整合研究[D].上海：上海师范大学，2012.

第五章 全域旅游开发

作为一种新的发展旅游理念，全域旅游在很多地区得到了实践。以海南为首的一些地区首先进行了全域旅游的实践操作，并形成了一些拥有自己特色的开发模式。但是，由于旅游发展进度不一、资源不协调、管理体制不均衡等多种因素，各地发展全域旅游的情况其实并不唯一，而是各有千秋。综合考虑学者们的理论研究和各地的全域旅游发展实践，石培华（2016）将全域旅游分为以下几种模式：综合型全域旅游、景区依托型全域旅游、都市功能区依托型全域旅游、特色城镇美丽乡村依托型全域旅游、特色产业依托型全域旅游、生态功能区依托型全域旅游等模式。这些模式有很多在前文的分析中已有涉及，但均没有对其开发问题进行全面阐述。本章将对这些模式的全域旅游开发问题进行探讨。

第一节 综合型全域旅游开发

综合型全域旅游是指全域旅游所依托的核心景区、城镇、乡村等拥有丰富的旅游资源，且资源种类齐全、品位价值高，有条件建成旅游胜地的全域旅游目的地。例如，桂林、杭州、苏州、张家界、黄山、阿坝州、琼海、三亚、丽江、黔东南州、黔南州、呼伦贝尔、宜昌、甘孜州等，这些区域都是典型的综合型全域旅游目的地，需要以旅游业为主导产业、主打品牌和主攻方向，整合资源构建的国际旅游目的地[①]。

一、发展综合型全域旅游目的地的条件

（一）旅游资源富集，旅游资源全域化

旅游资源是能对旅游者产生吸引力且能为旅游业所利用，产生经济效益、环境效益、社会效益的一切因素的总和。首先，它应该是

---

① 石培华. 多级联动分类推动创建工作 [N]. 中国旅游报，2016-02-22（003）.

具有吸引力的事物，能促使旅游者产生旅游行为，没有旅游资源的吸引，旅游流、旅游流向、旅游流量都将不存在，旅游业的发展将无从谈起；其次，它要能为旅游业所利用，那些虽然具有较强吸引力但目前还无法开发利用的旅游资源对目前的旅游发展难以有实质性的贡献；最后，在利用这些资源后能产生经济、生态、社会等综合性效益。

综合型全域旅游目的地是要能在区域内打造集所有旅游要素为一体的高等级旅游休闲目的地，将整个区域作为一个整体景区来打造，必须要有丰富且高等级的旅游资源。这些资源既可以是已经被广泛开发利用的传统优秀旅游资源，如山川、河流、生物、古迹等自然人文旅游景观，也可以是跟随时代发展和市场潮流所流行起来的新型旅游吸引物，如宜居环境、特色氛围、新型生活方式等元素。只有具备了一定的高等级资源才能带动区域旅游形象和品牌的塑造，引领区域旅游个性，形成旅游吸引力和品牌影响力。同时，这类地区的旅游资源还必须分布广泛，在全域范围内均存在丰富的旅游资源。

（二）旅游特色鲜明，产品业态丰富

这是就目的地全域旅游发展的基础而言。任何地区的全域旅游发展均不是从零开始，其多少都有了一定的社会经济尤其是旅游业发展基础。全域旅游的建设是在已有的发展基础上进行的发展观念更新和战略模式升级，基于不同的旅游业发展基础，可以采用的全域旅游发展路径必然有所不同。

综合型全域旅游发展模式要求目的地在各方面的发展都比较突出，有独特的魅力和较高的市场知名度，这需要站在较高的旅游业发展基础上才更容易实现。如果区域内的旅游业发展长时间以特色为灵魂打造魅力独具的旅游产品，形成了特色鲜明、类型多样、丰富多彩、互补组合、合理分布的旅游产品集聚；且关注市场需求，旅游产品业态与市场需求有很好的适应性和匹配性，能满足市场多样化的旅游需求，那它一定具备了良好的发展综合型全域旅游的基础。反之，如果旅游业的发展只是在某个方面比较突出，或者在哪个方面都不够突出，很多方面才只是处于起步阶段或尚未起步，那不论是旅游产品的开发、还是旅游市场的开拓，不论是建设资金的积累，还是发展经验的探索，或者是其他发展方面的努力，都面临各种困难，难以实现综合型全域旅游的发展模式。

（三）基础设施齐备，社会经济发展良好

旅游业的发展离不开基础设施的支持。道路、供水供电供气、通信、医疗、安全等基础设施的建设，能解决旅游通达性、旅游过程中各种基本需求的满足等问题。如果一个地区的这些基础设施建设完善，其旅游的发展就具备了良好的基础，可进一步考虑如何在这些基础上进行改进升级；如果一个地区的这些建设还存在问题，那它发展全域旅游就需要先解决基础设施的完善，再谈得上如何推进新型旅游发展战略。一个地区的社会经济发展情况是推进全域旅游战略的重要保障。良好的社会经济条件能为全域旅游战略的实施准备资金、技术、理念、人才等必要条件，提供社区和谐、居民好客、生态良好等环境条件。

综合型全域旅游的发展必须要建立完善的公共服务体系，覆盖游客行前、行中和行后全过程，对全域内的旅游要素实现无边界整合，对交通、安全、营销及吃住行游购娱消费等各个环节、各个要素进行全网优化，实时更新，网络动态发布。如果目的地已经具备了完善的基础设施条件，它就能在现有的基础上快速实现设施升级。而良好的社会经济发展条件又使它具备了建设综合型全域旅游的资金、人才和技术条件，能得到社区民众对建设事业的支持，并充分调动他们的参与积极性。

（四）重视旅游产业发展，政策保障措施得力

综合型全域旅游目的地中的旅游业在当地的发展中占有重要地位，全社会"旅游化"的程度很高，旅游业的发展不仅是当地社会经济发展的引领产业，更是支柱产业。所以，如果一个地方不重视旅游业的发展，没有想过要用旅游的方式来促成地方社会经济的全方面发展，它不可能走综合型全域旅游的发展道路。只有当地重视旅游业，才能为全域旅游发展提供实质性的政策、资金的保障，将旅游业的战略地位提升，使其发挥综合优势，使区域的个性、品牌、文明建设都与旅游发展有机融合，实现旅游与地区发展的一体化。

在考察一个地方是否可以发展综合型全域旅游时，可从以下方面来分析其政策和社会支持条件：当地政府和企业对旅游业是否重视，是否已经或愿意将旅游业置于当地的支柱产业来进行发展；在旅游业的发展方面是否建立了相对完善的工作机制，是否出台了相应的法规政策保障；旅游企业和相关部门在当地社会经济发展中是否有足够的话语权；当地企业或居民对旅游业的认识是怎样的等。

上述4个条件是发展综合型全域旅游的基本条件，不是只需要考虑这些条件。从整体来看，发展综合型全域旅游的条件是最高的，在决定推行这一全域旅游发展模式时，要全方面、多角度考查地区各方面条件，谨慎提出战略并选择适当的开发策略。

二、综合型全域旅游开发策略

（一）各方力量联动，共同建设全域旅游

发展综合型全域旅游，需要在全域范围内形成思想上和行动上的高度一致，充分调动地区各部门、各企业乃至全社会的力量广泛参与，要求地方内部各区域打破传统行政界限和工作边界，实现有效联动，把全域范围的旅游业当成"一盘棋"来下。

政府各部门及旅游相关单位要通过各种途径和手段，把遍布全域范围内的旅游资源串联起来，形成整体的区域主题形象，提高区域发展整体效益。旅游业的产业融合度非常高，传统六要素已经涉及吃、住、行、游、购、娱多个行业，新六要素的提出又极大拓宽了产业关联性；相关产业要树立大旅游发展观念，避免本位主义思想，通力合作形成全域旅游发展大格局。对于目的地内部各个区域，要从全局的高度看待全域旅游的发展大势，打破行政格局和区域限制，从全局视角打造全域旅游的良好形象，打响地区全域旅游的整体品牌。

例如，目的地政府在制定相关政策时要通盘考虑，从战略高度来制定规则，建立全域旅游发展的高效机制，协同好各相关利益主体的利益；各资源管理部门和旅游经营者要树立大局观念，在处理租金、门票等问题时不能只考虑自身的经济利益，而要从旅游业的长远发展考虑，逐步打破门票经济；在配置旅游资源时，各地区、部门之间要

主动搞好衔接配套,不相互推诿、故意掉链子;在推介旅游产品时,应考虑如何推送目的地全域旅游整体产品,而不能只关注与自身发展紧密相关的单项旅游产品。

总之,综合型全域旅游建设的多方联动,需要各部门齐抓共管,各行业融合联动,全居民共同参与,各区域资源整合联动。

(二)以体验旅游为抓手,打造全域旅游新空间

全域旅游的推进不仅是旅游目的地自身发展方式的变革,也是旅游消费市场体验时代来临下的产物;综合型全域旅游的开发应该以体验为抓手,建立全域范围内的体验旅游产业链。

谢彦君认为,旅游体验是旅游个体通过与外部世界取得联系从而改变其心理水平并调整其心理结构的过程,这个过程是旅游者心理与旅游对象相互作用的结果,是旅游者以追求旅游愉悦为目标的综合性体验[①]。可见,体验是精神层面的消费需求。随着人们生活水平提升,不管是购物还是外出观光休闲,人们越来越重视消费过程是否愉悦和满意,这就是体验。例如,到一个地方旅游,虽然看见了自己希望参观的景观、吃到了自己希望的美食,但过程中的导游和服务员态度不好,那游客的精神需求就没难以得到有效满足,整个旅游过程就不愉悦,更不会满意。但体验经济时代的旅游体验已经不满足于此,人们参与旅游活动更希望体验不一样的生活乐趣,融入不一样的生活氛围。如探险旅游、漂流、攀岩等,更多追求感官或者感受的刺激;度假旅游,看重的是休闲的氛围能让游客轻松愉快享受假期。体验旅游注重的是游客对旅游产品的感受、体验、享受的过程,强调了旅游者的角色模仿和参与。

在综合型全域旅游开发模式下打造体验式旅游,既要重视对旅游者传统体验的满足,更要重视对体验经济时代下的新体验需求的关注。具体来说,以体验旅游为抓手,要做到"三个注重"和"四大体验"[②]。如图5-1所示。

[①] 谢彦君.基础旅游学[M].北京:中国旅游出版社,1999.
[②] 体验式旅游的"三个注重""四大体验".http://www.sohu.com/a/195824149_712171.

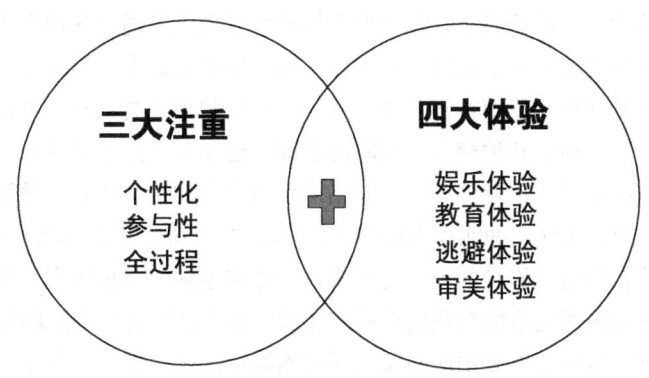

图 5-1　综合型全域旅游下的"体验"设计

所谓"三个注重",是注重个性化、注重参与性、注重全过程。个性化是旅游产品或项目要体现独特性,既是旅游发展的趋势,又是旅游竞争的必然。综合型全域旅游的打造应追求旅游产品或旅游服务的个性,以独一无二的旅游产品或服务去满足游客求新求异的心理;如开发旅游新业态,创造个性化休闲设施、服务设施等。参与性是改变传统旅游中游客是"看客"的情况,将旅游者吸引到活动的参与中来。通过旅游者的参与和互动活动,让旅游者能更深层次的感受旅游消费的每一个细节,体会旅游产品的内涵和魅力,获得更直观和深刻体验;综合型全域旅游开发可推出参与主题公园的系列娱乐活动,参与滑草滑雪活动、中小学生参与爱国主义、素质教育等实践活动等,在产品开发和设计中强调旅游者的角色模仿和参与,产生身临其境的感觉。体验旅游要注重游客对旅游产品的感受、体验、享受的过程,而不是一味追求"到此一游"的旅游结果,从某种程度上更强调心理感知和理解;综合型全域旅游产品的开发要重视体验过程管理,将"全过程体验"纳入产品和服务的基本特征。

所谓"四大体验",是娱乐体验、教育体验、逃避体验、审美体验。娱乐是人们最早使用的愉悦身心的方法之一,也是最主要的旅游体验之一。综合型全域旅游产品的打造要重视对各类演出和娱乐活动的设计,让游客在参与这些活动时能达到愉悦身心、放松自我的目的。教育体验是关注游客在体验中的所得所感,让游客在旅游活动的参与中能愉快学习、收获满满;综合型全域旅游开发中要通过各种方式重视满足游客的这种旅游获得感。例如,可以推出自助农村等新生代休闲农业旅游项目,让游客在栽花种草等活动过程中既尝试到了亲自躬耕于农田时的体会和种植与收获时的乐趣,也学到了足够丰富的植物种植方面的知识。逃避体验是针对当前生活节奏加快、压力日益繁重的普遍状况,设计一种能让人们到乡村、森林、湖泊、海岛等风景优美、空气清新的地方修身养性,忘却来自工作和生活的双重压力,寻找另一个摆脱束缚的真实自我的产品和体验。为了更好满足"审美体验",综合型全域旅游发展中既要重视对天然赋存的美丽山水的开发,也要注重各种花海、美感建筑、精美的休闲设施、艺术化的空间布局等景观的打造。

(三)全域范围内旅游产业升级转型

转型升级是旅游产业发展到一定阶段的必然趋势,也是旅游产业实现持续发展的必然选择。旅游产业的转型升级既要关注构成整个产业结构的各组成要素自身素质的提升,又要注重整个产业结构内部各组成要素之间的配合与协调,通过对旅游老六要素+新六要素的合理配置,以点带面,纵横贯通,实现旅游产业转型升级。具体来说,要从以下几个层面展开工作:首先,根据旅游需求的变化准确定位、适时调整和提升市场营销策略,同时兼顾国内和国际两个市场,构建结构合理、开发有序的客源市场体系,实现旅游市场的转型升级;其次,实现旅游企业由国营为主、粗放经营向民营为主、集约化经营转变,走"政府引导、市场运作、多元投资、企业经营"的发展道路,实现旅游企业的转型升级;再次,实现旅游产品由单一型、粗放型向系列化、精品化的方向发展,由观光型向主题型、休闲型、度假型和个性化方向演进,实现旅游产品的转型升级;最后,培养和造就一大批基础理论深厚、专业技能扎实、动手能力强的创新型和应用型的旅游专门人才,实现旅游人才培养的转型升级[1]。

综合型全域旅游下的旅游业提档升级,要做到各类资源的优化

---

[1] 谢春山,孟文,李琳琳,等.旅游产业转型升级的理论研究[J].辽宁师范大学学报(社会科学版),2010,33(1):37-40.

配置，注意对旅游产品升级换代，实现产品结构从初级、单一向多种产品形式并存转化，在打造旅游精品、提升旅游产品档次的同时，多元化、全方位满足游客的需求；要通过旅游产业内部各组成要素、组成部分和各部门间的协调发展，促进内部各要素素质提高，强化旅游业各相关部门协调能力和关联水平的提升，促进旅游产业与外部各产业体系协调发展，促成地区产业结构向高水平、长产业链、多环节和综合化转化；要做到宏观管理体制科学、市场运行机制有序、利益主体合法、社会服务和服务标准国际化，区域合作广泛化和微观管理的科学化，实现旅游产业结构的高级化、规模化、市场化、社会化和国际化的全方面转变。

（四）深化宣教培训，助力创意创业创新

综合型全域旅游的建设比一般全域旅游的建设更加系统，既要充分调动社会各方面力量广泛参与、实现全民共建，又不能盲目使力、在传统基础上原地踏步，而是能汇集各方智慧，实现全民创新。这个过程中，展开宣传、教育、培训，做好思想动员工作、激发创新创业意识、培养全民创意能力就是非常重要的手段。

在综合型全域旅游建设中，可通过编印学生读本、群众读本、干部读本，普及全域旅游知识，传播全域旅游理念，使全域旅游观念内化于心、外化于行。通过多种渠道选拔旅游领军人物，通过各方面的鼓励支持，强化实用人才培养工程，强化全域旅游创业指导和就业培训，增长他们的见识、提升他们的能力。重点加强对核心管理部门和致富带头人的培训，组织各级管理人员、经营业主、从业人员和回乡创业者，围绕旅游创业项目计划，对食品安全、环境卫生、服务质量与标准、提升经营档次等内容分级、分类、分批开展培训，提升他们建设全域旅游战略的能力。要充分发挥旅游业的融合力，以"旅游+"提升创业者利用其他产业嫁接旅游的创意能力和动力，提升旅游企业服务品质升级的能力和动力。要引领并提升当地居民生活艺术品位，以使旅游者更好体验当地生活，实现创意引领下的全域旅游品质提升。

（五）全域景观建设，重视服务、设施升级

综合型全域旅游，既是区域内全地域范围覆盖景点景观，也是

全域服务设施的大升级；它既能实现游客在区域范围内的"处处皆景观"，也能实现"时时可体验"，是景观、服务、设施设备的全方位升级。

在综合型全域旅游区建设全域景观，要实现全域范围内尤其是旅游交通线路所到之处，都有具有旅游吸引力的风景。这些景观不仅要数量多、分布广，还要追求品质，不能粗制滥造，要比照甚至高于生态市镇村、花园城市、园林城市、森林城市、最美乡村标准进行高标准建设。推动区域内城乡风貌改造建设、乡村道路绿化、田园景观改造建设工程，将休闲业态与景观建设结合起来，以点带面地实现全域覆盖式发展。同时，在景观建设中要避免千家一院、千村一面、千路一景，必须通过融合创意引领景区点线面开发，打造多元化景观。

在综合型全域旅游发展中，还离不开"全域服务"和"全域设施"的跟进。所谓全域服务，是围绕全域旅游来提高公共服务的功能，为游客提供全时、全域、全用户、全互通的服务，让游客无论走到哪个地点，或者到任何宾馆、饭店、超市、加油站，都能享受到优质服务[①]。为此，综合型全域旅游发展中，要重视构建统一包括旅游公共安全全域服务设施、旅游安全检测和服务、紧急救援体系等在内的旅游公共安全机制，建设包括旅游者权益保护、对旅游投诉的执法检查、旅游消费环境的检测、旅游者满意度调查在内的旅游者的权益保护体系，提供优质、完美的全域服务。全域服务通常离不开全域设施的支持，综合型全域旅游发展中，还要注重对包括旅游通达性、旅游集散中心、自驾车服务、绿道体系等在内的全域交通体系建设，强化旅游标志系统、旅游咨询设施和城市解说服务、旅游电子商务网建设和景区内部解说系统旅游信息体系构建，加强城市游憩设施、全域公共厕所与卫生设施的建设，积极推进城市休闲体系和城市服务体系等旅游惠民体系，全面提升综合型全域旅游区的整体形象。

（六）推进形象整合营销，贯彻可持续发展战略

全域旅游的整合营销，是指以建立旅游大品牌为目标，通过整合各级政府、旅游要素、旅游企业、旅行商、旅游代理商和经销商、

---

① 白全忠.让"全域服务"跟上"全域旅游"[N].洛阳日报，2017-08-23（004）.

媒体、社会等方面的力量，谋求最大的营销效果[①]。其整合的具体内容包括：形象和注意力整合，城市、景区旅游和全域旅游的整合，旅游营销理念与阶段的整合，对国际市场和国内近、中、远程客源市场的整合等。在综合型全域旅游开发中，要将形象营销理念贯穿于整个全域旅游景区推动各个方面，围绕全域旅游景区主题形象，整合各方面力量，进行全方位的塑造与推广。在营销中要坚持"政府主导、企业居民共同参与"的道路，加强与区域内外的旅游目的地联合促销，积极拓展分销渠道，综合运用广告、公关、会展、网络、影视等多种营销手段和市场推广工具，全面扩大消费者对旅游目的地的注意和信息接收程度，树立良好的社会形象，提高目的地的知名度。

此外，综合型全域旅游的开发还要坚持生态学原理和可持续发展理论，立足长远，保护为先，循序渐进地促进目的地各方面进步。要通过有效的措施，切实保护当地自然生态资源和传统文化，精心设计生态型高品质旅游产品，为游客提供高质量的旅游经历，重视发展和稳定长期客源；坚持走可持续发展路线，带动区域社会经济全方面提升。

第二节 景区依托型全域旅游开发

景区依托型的全域旅游是区域内有龙头景区做强最大，进而带动周边地区社会经济全面发展形成的全域旅游区。典型的如河南云台山、四川九寨沟、贵州荔波、四川峨眉山、贵州黄果树、重庆武隆等。这些地区的全域旅游发展，先是景区做大，以市场消费带动周边景点、乡村、城镇配套旅游产品和旅游服务，形成大规模综合性目的地型旅游景区，逐步优化形成全域旅游区[②]。

一、景区依托型全域旅游的开发条件

（一）景区资源优秀，辐射面广

要采取景区依托型全域旅游模式，目的地区域内必须有优秀的

---

① 吕莉.从营销创新角度探析旅游目的地竞争力提升问题[J].商场现代化，2008（5）:204-206.
② 石培华.多级联动分类推动创建工作[N].中国旅游报，2016-02-22（003）.

景区旅游资源。这里的优秀是指如下两种情况：要么区域内景区资源数量不多但品质很高，要么区域内的景区资源品质一般但数量较多，分布不均。若区域内的景区资源数量众多且质量很高，而且分布均匀，可以考虑采用前文的综合型全域旅游开发模式。所谓"辐射面广"，是指区域内现有的景区或待开发的旅游资源拥有较高的知名度，吸引力强，能在较广范围内吸引客源。

景区资源是景区依托型全域旅游开发的核心条件，离开了具备上述条件的景区资源，全域旅游的发展便无可依托、失去了发力点。实践中并不是每个地区都具备这个条件，因此也不是每个地区都可以开发全域旅游，或者应采取其他的开发模式。

（二）景区融合力强，带动性足

景区依托型全域旅游的开发不仅对区域内景区资源的品质提出了要求，也对其与地区其他领域发展的关系有所要求。它要求景区务必能融合目的地社会各方面元素，带动区域内多行业多领域共同进步。如果景区的发展不能带动区域其他产业或领域的共同发展，或者这种带动性较弱，"景区依托"的意义就不大，也与发展全域旅游进而带动区域社会经济全方面发展的理念相违背。

对景区融合能力的考察，可从如下几个方面进行：景区本身是否是自然风景优美、生态环境优异的区域，能为地区带来丰富的客源；景区的发展建设是否需要多方面建设，能带动地方建筑、工业等多部门发展；景区的运营是否能提供旅游活动多种要素的旅游产品，能拉动相关供给部门的生产；景区是否能整合地方文化和现代流行消费元素，促进地区多领域可持续发展等。

（三）全域面积不大，区域可调动性强

任何景区的地域覆盖面都有限定的范围，其影响性和带动性会随着距离的变大而不断减小。要依托景区来带动全域旅游的发展，要求旅游目的地的地域范围不能太广，否则景区的负担太重，很可能会劳而无功。

全域旅游的发展要调动区域内所有力量参与建设，实现"全民共建共享"，这就要求区域内的各方面关系是和谐的，易被动员起来

共同推进工作。全域旅游的建设是一个漫长的过程,并非一朝一夕能够建成。在以景区为依托的全域旅游建设模式中,必然有人会先从发展中获益,而另一部分人的收获会被延迟;如果无法很好平衡相关关系,区域内的力量调动就很困难。当然,目的地区域面积如果较小,这种调动就相对容易;而如果区域面积太大,牵扯关系太多,其调动难度就很大。这也是要强调全域面积不能太大的原因。

二、景区依托型全域旅游的开发策略

(一)景区依托型全域旅游开发的理论基础

在前文已经述及,传统旅游规划开发理论给全域旅游的开发提供了很多借鉴,有诸多理论仍对当前的开发工作有重要的帮助作用。景区依托型全域旅游的开发是希望借助景区的发展来带动全域的进步,可借助核心—边缘理论和点—轴理论的相关思想。

1. 核心—边缘理论[①]

核心—边缘理论是解释经济空间结构演变模式的一种理论。该理论试图解释一个区域如何由互不关联、孤立发展,变成彼此联系、发展不平衡,又由极不平衡发展变为相互关联的、平衡发展的区域系统。

核心区在空间系统中居支配地位。在经济发展过程中,核心区的作用主要表现在以下几个方面:一是核心区通过供给系统、市场系统、行政系统等途径来组织自己的外围依附区。二是核心区系统地向其所支配的外围区传播创新成果。三是核心区增长的自我强化特征有助于相关空间系统的发展壮大。四是随着空间系统内部和相互之间信息交流的增加,创新将超越特定空间系统的承受范围,核心区不断扩展,外围区力量逐渐增强,导致新的核心区在外围区出现,引起核心区等级水平的降低。

根据这一理论,景区依托型全域旅游的开发首先要明确区域内的核心、边缘范围,界定区域中哪些地区是属于核心区域,哪些区域是属于边缘区域。对于核心区要优先发展,并充分发挥其对边缘地区

[①] 高国伟. 不可不知的1000个财经常识 经济版 畅销6版[M]. 北京:中国法制出版社,2016.

的带动作用，促进边缘区域的发展，逐步消除核心——边缘区的差异，实现地区旅游全域化。在这个过程中，要注意以下问题的解决：首先是地区的核心——边缘类型，是单一核心还是多个核心，不同的类型应采取不同的开发措施；其次是核心——边缘的联动关系，不同的联动关系其开发路径应有所不同；最后是如何围绕景区核心构造土地利用圈层结构。

2. 点——轴理论[①]

与核心——边缘理论偏静态分析不同，点——轴系统理论更体现了区域发展由点到线再到面的逐渐扩散过程。点轴开发模的理论基础是因为社会经济客体大都产生和集聚在一些具有特殊优势的点上，形成大小不同、职能相异的点（城镇、发展中心等），而点之间的相互作用是通过线状基础设施（各类交通线、动力供应线、水源供应线等）来进行的。而社会经济客体在点集聚后，会向周边地区发射它的影响力，这就是扩散。扩散一般情况下是渐进的，而不是平推的，也不是大跨度跳跃的，且随着范围的扩大和距离的增加程度递减。但随着距离的延伸，都会形成较大较多中心点的主轴。对于大范围来说，最终形成点——轴——面的全面扩散和空间推移，使各地的围土资源和空间获得充分的相对均衡的开发与利用。

如果地区内有多个旅游景区，即有多个核心，特别适合运用点——轴理论来指导景区依托型全域旅游的开发。根据这一理论，景区依托型全域旅游的开发应充分重视点——轴关系的构建，在全域范围内确定"点"的分布，并通过重点轴线的开发和渐进扩散形式，真正发挥主体作用，转化区域二元结构，逐步带动区域内全方位发展，实现地区旅游全域化。在这个过程中，要重视点——轴要素的充分结合，规划好全域旅游发展的点——线——面进程，建设区域发展的立体结构和网格态势，重视信息、经济的横向流动。根据这一理论，景区依托型全域旅游的建设不可能一蹴而就，而是有一个逐渐发展和扩散的过程，应重视全域旅游发展在时间方面的规划。在构建点——轴关系时，不能仅重视硬性的轴线建设，更要重视与之配套的点——轴联动机制，

---

① 梁明珠. 旅游资源开发与规划原理、案例[M]. 广州：暨南大学出版社，2014.

考虑如何建立并完善消除市场壁垒、打破行政界限的政策保障体系。

（二）景区依托型全域旅游开发的具体措施

1. 做好景区升级，重视核心区域发展

景区依托型全域旅游的开发，景区是关键。它既是目的地整体知名度不高的情况下吸引广泛客源的基础，也是地区发展全域旅游的起点；它能为目的地建设全域旅游汇聚人气、积累资金、凝聚人心、提供旅游发展经验，确保全域旅游战略能有效推行。所以，景区依托型全域旅游的开发，首先要重视对原有景区的升级和更新打造，重视"核心——边缘"关系中核心区域的发展。

首先，巩固景区现有成果，确保开发基础稳定。很多景区的发展虽已建成了大片景观、吸引了不少人气；看起来发展态势良好，但实际上繁荣的表面藏有多重危机，主要表现为：景区特色不足、同类竞争激烈，景区服务开发迟缓、不能满足游客多样化需求，市场秩序混乱、治理能力不足，景区形象易受贬损、公关意识和能力均存问题，景区与社区关系紧张、发展环境受制等。目的地要依托景区开发全域旅游，首先要对现有景区存在的上述问题进行解决，确保景区在地区代言、区域带动等基础性方面的能力稳定且持续。

其次，重视景区功能更新，打造休闲景区。传统景区多局限于观光等少数几项功能，旅游功能单一，不能满足新时代游客的多样化旅游需求。景区型全域旅游的开发要做好景区的升级，在原有功能的基础上，全面开发能满足"吃、住、游、购、娱、商、养、学、闲、情、奇"等多要素的旅游产品和服务，实现景区的功能更新。例如，在景区条件可行的情况下，策划民宿、农家餐饮、游客服务、文化体验、创意LOFT等项目，以本地文化融合多元业态发展，满足游客"慢游"需要，打造新型休闲景区。

再次，重视借力科技，建设智慧景区。传统景区的游客管理和服务等多方面存在问题，可通过智慧景区的建设来解决相关问题，提升管理的科学性和游客的满意度。智慧景区是建立在互联网、物联网、云计算及移动通讯等技术基础上，实现景区资源环境、基础设施、游客活动、灾害风险等全面、系统、及时的感知与可视化管理，进而提

供更加优质服务和有效管理的景区。景区依托型全域旅游建设中的景区升级，需通过智慧景区的打造来提升游客满意度，巩固景区的市场地位和在全域旅游开发中的核心地位。

2．合理规划空间布局，实现点—轴带动下的全域发展

景区依托型全域旅游的发展最终要实现全域旅游化，必须要做好全域范围内的空间规划。这类规划除了要做好景区内部空间优化外，更要重视景区与外部空间的关系，从宏观上做好景区带动全域旅游化的路线和时间规划。

在空间规划中，要注意两个问题的解决：一是景区与全域在气质、属性上的互动匹配，二是点—轴带动下的空间持续优化。

依托景区来开发全域旅游，应确保景区与全域其他空间在气质、属性上的匹配性问题。每个景区都有自己的特征，可以开展的旅游活动和能满足的旅游需要都有特定的属性归属。在依托景区开发全域旅游的初期，主要体现的是景区特征和属性的外溢，要求全域规划中的其他点、线要与景区保持一致，因此在景区的旁边能建设何种项目、以多大的面积建设，都需要进行科学的论证。但随着全域旅游建设的开展，点—轴系统的运转本身又会带来特征、属性的新变化，原有景区的特征和属性在与新区域特征和属性的互动中也会产生变化并逐步与之融合，最终形成全域范围内统一的新特征和新属性。因此，在规划中要重视对这种变化的预计，确保全域旅游的开发始终协调和谐。

点—轴带动下的空间系统并不是静态的，而是随着时间的推移会逐步优化，因此在规划中要注重持续优化的特征。具体来说，在空间优化的过程中要注意以下几点：首先是科学选点、处理好点—线—面的关系，根据各点的环境适应性、旅游开发潜质和自我更新需求等因素来选取对应的空间处理方式，不应出现其他区域的发展挤占景区发展空间、或各个区域彼此挤占空间的情况。其次是重视"线"的建设，改善交通可达性、规范交通组织方式，开发富有本地文化特色的节点空间，创造特色公共场所，提供多元化的旅游交通方式。再次，要增强界面空间的渗透性和开放性，重视衔接部分的处理，不要出现太过明显的空间介质边界。最后，要重视对全域空间环境的治理，推

广应用生态技术和营建生态景观，避免旅游活动和日常生活对景区及全域生态环境的破坏。

3. 扩充参与主体，逐步实现全民共建

全域旅游的发展要实现全民共建，才能带动区域全面发展。与综合型全域旅游开发不同，景区依托型全域旅游的开发不是从一开始就在全域范围内各个主体间分配任务，而是从景区原有经营主体开始，通过景区与其他相关产业的关系，逐步扩充全域旅游的建设主体，最终实现全民共建。

在扩充主体的路径方面，可依据景区升级和范围扩展来融合更多管理、企业主体，如因升级而吸纳了更多建筑业、设施供应企业的参与；从景区产品的多元化发展吸引更多民众参与，如依托景区购物发展起来的本地工艺品生产、因景区范围扩展而新招聘服务者等；以发展理念更新来带动全民参与，如以社区入股等多种机制带动居民贡献才智的积极性等。在全域旅游建设中后期，景区对全域的影响会逐渐减弱，而被景区带动起来的新"点"和新"线"也会产生新的带动作用，由此逐步形成更广范围内的带动，最终实现全民共建的旅游全域化格局。

当然，这不是说景区依托型全域旅游的开发只能从景区这一个点开始、走完全单线顺序式发展，而是可以在科学规划的前提下，将一些已经具备条件可以并行开展或提前开展的工作尽早完成，缩短建成周期。

4. 建立发展成果共享机制，实现全域旅游可持续发展

发展成果共享，是推进全域旅游能获得公众广泛支持的保障，也是新时代发展模式的必然要求。过去景区的发展成果只被部分人享有，难以广泛调动公众的参与积极性。在景区依托型全域旅游的开发中，要重视建立发展成果共享机制，只有这样才能不断扩大全域旅游建设的参与队伍，最终实现地区全域旅游的可持续发展。

政府及相关单位是建立发展成果共享机制的责任者。要处理好全域旅游发展与地区稳定的关系，缓解因收入差距过大而引发的社会成员的心态失衡，减少发展中的非直接矛盾冲突，维护社会稳定；要

建立区域内科学合理的分配机制,引导全域资源和力量向全域旅游的建设倾斜,做到按劳分配与按生产要素分配相结合,鼓励勤劳致富;要建立健全全域范围内的社会保障体系,维护困难群众的生存和发展权利;要重视全域范围内便民政策的制定、便民设施的建设,在全域旅游建设中将本地居民也纳入游客群体,重视优质社区的建设。

第三节 都市功能区依托型全域旅游开发

都市功能区依托型的全域旅游是指区域内城市旅游资源丰富,都市功能显著,城市与旅游融合发展,进而促进区域内全域旅游局面形成的旅游区。典型的例子如北京中轴线、后海等区域,上海新天地、杭州西湖、成都春熙路—太古里区域、拉萨八角街、西安曲江旅游区、重庆朝天门码头区等,这些区域集休闲区、商业区、社区、文化区、产业集聚区、生态优化区等多区功能叠加,居民旅游者共享,成为城市的地标和名片[①]。

一、都市功能区依托型全域旅游的开发条件

(一)有特色鲜明、知名度较高的都市功能区

都市功能区依托型全域旅游的发展是以都市功能区为基础的,若没有特色鲜明、知名度较高的都市功能区,将无法推动都市功能区依托型全域旅游的开发,或只能采取其他的模式来推进全域旅游建设。

所谓都市功能区,是指城市内部各功能活动的分布空间及其相应产生的小区分异,它受自然、经济、历史、社会等众多因素的影响,随着城市的发展而形成、发展。通常情况下,都市功能区有商务区、居住区、工业区、行政区、办公区、科教区等。都市功能区依托型全域旅游的开发并没有对可依托的功能区类型进行具体规定,比如,并非说只有休闲区才可依托;只要是在较广范围内拥有较高知名度、发展良好的都市功能区,都有可能被旅游业利用,进而形成都市旅游发展的依托,并最终带动全域旅游格局的形成。例如,如果城市的商务区在广域范围内非常有名,商务活动十分繁荣,那该区域的商务人士

---

① 石培华. 多级联动分类推动创建工作[N]. 中国旅游报,2016-02-22(003).

必然会产生大量的商务旅游、休闲旅游需求,带动都市旅游发展。

(二)都市区位条件良好,且短时间内不会被替代

都市的发展与其区位因素紧密相关,又同时影响着都市相关功能区的发展。区位条件是指一个地区与周围事物关系的总和,包括位置关系、地域分工关系、地缘经济关系以及交通、信息关系等[①]。在区位分析时,主要分析地理、交通区位条件、经济区位条件、文化区位条件、旅游区位条件等,其中起决定作用的是地理、交通区位条件。都市的地理位置优越、交通条件良好,信息就传播迅速,社会经济活动的成本就相对低廉、参与社会经济活动的收益就相对较高。

全域旅游的建设不是一朝一夕的事情。在全域旅游战略推进初期,如果都市的区位条件变坏、或发展全域旅游所依托的都市功能区被替代,那全域旅游战略的推进就十分困难。因此,在分析都市功能区依托型全域旅游的发展条件时,要从都市的可替代性与都市功能区的可替代性两个层面来综合分析,通过对较广范围内的竞争者对比研究,确保都市功能区在较长时间范围能保持足够的优势,也为都市功能区依托型全域旅游战略的开发策略寻求差异化发展路径。

(三)都市社会经济发展水平较高

与其他类型的全域旅游开发一样,都市功能区依托型全域旅游的开发也有社会经济发展水平方面的要求。良好的经济发展水平能为全域旅游的建设准备充足的资金和完善的融资渠道,完善的城市公共设施和服务设施是发展全域旅游的必要基础条件,良好的教育水平能提供推进全域旅游战略的充足人才,高效的社会管理水平能迅速调动全域内各方面建设力量投入,和谐的社会环境能迅速凝聚全域旅游建设的人气。

二、都市功能区依托型全域旅游的开发策略

(一)都市功能区依托型全域旅游开发的理论基础

都市功能区依托型全域旅游的开发会用到一般旅游开发中用到的常用理论,如前文提到的增长极理论、核心——边缘理论、点——轴

[①] 王勇. 城市总体规划设计课程指导 [M]. 南京:东南大学出版社, 2011.

理论等旅游空间理论。作为都市旅游的一种开发模式，都市功能区依托型全域旅游的开发还需要考虑如下理论的应用。

1. 休闲都市理论

都市功能区依托型全域旅游的最终开发目的是建成全域旅游都市，以都市功能区的旅游发展带动城市全域发展或地区全域发展。因此，休闲都市的打造会成为该种类型全域旅游打造的过程目标或最终目标，因此，休闲都市理论就成了都市功能区依托型全域旅游开发的一个理论依据。

休闲都市并非一般意义上的休闲胜地，而是集各种休闲经济要素于一体的都市。其含义至少应涵盖下列内容：丰富多样且品质优秀的休闲资源与环境，数量众多且独特的文化传统与现代休闲设施与场所，强烈的大众休闲意识和旺盛的居民休闲消费能力，与国际接轨的发达便捷的交通条件、完善配套的基础设施和较高的都市知名度等[①]。休闲都市最本质的特征是整个都市的休闲度很高，主要休闲群体既有外地游客，更包括了本地居民，外来游客的旅游活动与当地居民的休闲活动相互交织融合、和谐共存、共生共容、同步发展。通过对学者们研究成果的梳理，可以将休闲都市的特征做以下归纳：都市的休闲度高，居民参与性强；都市休闲资源优秀，休闲产业化程度高；都市休闲感知形象强；休闲的现代化水平高、国际化程度高。

根据休闲都市理论，都市功能区依托型全域旅游的开发要重视全域休闲都市的打造，从都市功能区的全面建设、营造都市休闲空间、发展商务会展旅游、重视都市休闲理念引导等多种途径展开建设，整合都市各种产业，调动区域内各方力量，共同促成高等级休闲都市建设。

2. 结构功能主义理论

结构功能主义意在探寻社会良性运行和社会平衡发展的机制，是一种维护型的社会学理论，它强调的往往是"稳定的秩序"[②]。它从社会现有结构的平衡态及平衡条件入手，研究新的输入要素及能量对社会结构的影响。理论认为社会是具有一定结构或组织化手段的系统，社会的各组成部分以有序的方式相互关联，并对社会整体发挥着

---

① 王学峰著. 区域旅游发展理论与实践[M]. 武汉：武汉出版社，2014.
② 周立环. 浅谈帕森斯的结构功能主义[J]. 世纪桥，2015（11）: 60-61, 88.

必要的功能；整体是以平衡的状态存在，任何部分的变化都会趋于新的平衡，社会系统将通过自组织功能再形成平衡态[1]。该理论分析了在一个社会系统内的部分变化是如何将整体由平衡推向新平衡态的。在依托都市功能区开发全域旅游前，目的地社会系统处于一个相对平衡的状态；全域旅游战略的实施会带来目的地社会系统内多个要素的改变，很可能打破目的地原有的政治、经济、文化、生态、人口等多个子系统之间的平衡关系，并构建旅游与其他社会秩序之间新的相互关联，形成新的平衡态。

按照此理论，都市功能区依托型全域的开发需认真研究、综合考虑目的地的政治、经济、文化、生态环境等背景以及各个子系统之间的相互关系，以探求社会系统的大背景之下旅游要素与原有的社会要素之间的协调与可持续发展。要充分预计和评估都市功能区带动全域旅游发展下的各种社会要素变化及对原有平衡的可能冲击，重视都市整体社会环境与都市功能区在新战略推动下的协同发展，始终确保目的地全域旅游建设在一种相对平衡的社会系统中展开，以达到地区经济效益、环境效益和社会效益协调统一和最优化，确保全域旅游战略目标的实现。

（二）都市功能区依托型全域旅游的开发措施

1. 强化都市功能区培育，巩固并提升现有发展成果

都市功能区是该类全域旅游开发模式的基础，要不断通过各种措施，强化该功能区的培育，更好发挥全域旅游开发所依托的都市功能区在地区发展中的核心地位和在全域旅游开发中的引领地位。

如果目的地是依托都市的商业区来开发全域旅游，目的地首先要重视对该商业区进行打造升级，维护其在广域范围内的商业吸引力和竞争地位。在升级过程中，既要重视对原有历史真实性和场所感的延续，保留利用商业区既有的肌理特征，同时更要强调功能转化，迎合休闲时代消费经济的特征，强化立体空间的深度开发，发展高度混合的复合商业开发形态，将商业与居住、休闲、娱乐、文化等综合在一起

---

[1] 李烨.非物质文化遗产旅游化生存模式及风险研究：以天津为例[M].天津：南开大学出版社，2015．

向多元化的休闲娱乐零售综合商业体转化,增强其魅力,提升其区域竞争力,吸引更广范围的客源市场,为全域旅游的推进创造基础条件。

如果目的地是依托都市教育功能区,如大学城来开发全域旅游,目的地要重视对该教育功能区的教育功能提升,强化其在教育、休闲、旅游等多方面功能的完善,并以此带动全域旅游开发。教育功能区最重要的是要体现教育本位思想,以教育质量提升为核心,通过学术讲座、文化讲坛、艺术汇演、科技竞赛、人文交流等活动的组织和开展,形成良好学风和厚重文化底蕴。政府要在都市教育功能区强化中扮演主导角色,联合教育、旅游、环保等多部门进行教育功能区的科学规划,在教育建筑造型、特色功能打造、交通娱乐设施建设等方面进行通盘考虑;同时,要向社会开放教育旅游资源,通过名家大师的言传身教、浓郁的求知文化、优雅的校园人文景观、丰富多彩的校园生活向更多的社会民众传播知识,开化民智,引领社会风尚,不断提升教育功能区在广域范围甚至全国、国际范围内的知名度,并以之为基础展开地区全域旅游的开发和建设。

其他类型的都市功能区也应根据各自领域的特色,通过不断升级改造,强化功能区在广域范围内的功能特色,不断提升其影响力和美誉度,确保功能区在长期时间中能切实支持目的地的全域旅游开发。

2. 全域整合资源,建设休闲都市

休闲是人类的本能和权利。随着我国社会经济的发展,人民物质生活条件得到了极大改善,公众休假时间逐年增加,城市化进程明显加快,我国社会已全面步入休闲时代。在这样的背景下,休闲经济已是现代经济体系的重要组成部分。都市功能区依托型全域旅游的开发,要充分重视这一时代特征,在全域范围内有效整合资源,有序推进现代休闲都市的打造。

要在全域旅游发展战略目标指引下,强化政府顶层设计、合理配置都市休闲资源、联动多方建设力量、大力繁荣休闲事业、做大做强休闲产业。通过建立健全与休闲都市建设相匹配的决策、规划、建设和运营管理体制机制,科学制定建设目标,制定休闲地标、休闲经济、休闲事业、休闲文化等方面的具体目标、空间形态、重点工作和推进时序等具体建设路径；配套创新城市规划、建设和管理体制机制，营造国际化、现代化和人性化的城市环境，更好满足重点游客往返快捷、环境优美、过程友好、兼顾商务等复合型需求。

在具体建设措施方面，要围绕旅游休闲、文化休闲、养生养老休闲等重点领域，引进培育龙头企业，研究出台商业模式创新和休闲保险、海岛休闲等产品创新的专项扶持政策；创新休闲事业项目的建设运营模式，探索组建休闲产业协会、建设区域休闲（网络）市场、优化休闲成本核算方法、在公共休闲区域开辟众创空间等创新举措；加大对法定休假制度的行政指导，从培育"体医结合"新商业模式等工作入手，引导市民培养健康的休闲爱好和习惯[①]。

3. 全域协调推进，重视和谐发展

根据结构功能主义理论，社会系统总是在不断追求平衡。全域旅游推进工作中的某些要素被改变后，必然会对原先平衡的社会系统产生影响，进而导致其他要素要在适应性方面做出变化，以取得新的平衡。在这个变化过程中，新的平衡态应该是优于原先的平衡态的，否则就与发展全域旅游的初衷相背离了。例如，以商业区作为依托推进全域旅游的目的地在打造休闲都市的过程中用力过猛，在全域休闲尚未成型的时候过早弱化了商业区的商业功能和地位，可能会导致与商业区紧密相关的各类传统产业丧失原先的优势、而新生业态的优势尚未形成，都市全域旅游的发展会陷入"四不像"的危局。新生成的社会平衡态将可能是地区吸引力变低、外地游客逐年减少，目的地地位下降、难以获得投资群体关注，本地各方面环境恶化、本地人口大量外流。

为了避免这样的局面，使新生平衡态优于原来的平衡态，在依托都市功能区开发全域旅游的过程中，要十分重视协调推进和和谐发展问题。在全域旅游推进与都市功能区本身角色的关系处理上，要建立依托都市功能区带动全域旅游发展、以全域旅游局面的形成促成都市功能区地位的强化的良好互动机制。在旅游产品的设计方面，先期

---

① 钱伟，冯路. 宁波加快提升城市休闲功能研究 [J]. 宁波经济（三江论坛），2018（8）:21-24，16.

要重视与都市功能区紧密挂钩，如依托商业区的要优先推出与商务旅游有关的旅游产品、依托文教区的要优先发展教育旅游产品，但随着时间的推进，要逐步有序增加旅游产品线，开展多元化设计，不断融入休闲旅游新元素，打造集商务、文化、观光、休闲、度假、养生等一系列功能为一体的全能型整体旅游产品。在各部门、各产业联动发展方面，要分批、逐渐强化都市功能区与各产业、各产业与旅游业之间的关系，从系统观思想出发，做好各产业的融合化发展。在机制、政策的建设方面，要做好全域旅游协调发展的政策引导，建立协同并进的多产业协作机制。

4. 倡导休闲理念，共享建设成果

都市功能区依托型全域旅游要在目的地全域范围内积极倡导休闲理念，引导居民积极参与休闲活动。这有两个方面的意义：首先，它是全域旅游"全民共建共享"理念的体现，是地区全域旅游发展的根本目标之一。全域旅游的建设成果要能为全民共享，否则一方面违背了全域旅游的发展初衷，另一方面也难以持续调动全域力量共同建设、实现全域旅游的可持续发展。其次，全域旅游目的地是以居民和外地游客为共同"客源市场"的，在目的地空间范围内，居民休闲活动本身也是目的地特有的景观、是目的地休闲氛围的重要组成部分，居民与外地游客的互动更能增进双方交流、为外地游客提供与本地文化、生活方式亲密接触的机会，增强他们的体验感和旅游获得感。

在倡导休闲理念时，重点要做好两个方面的工作：一是增强居民休闲意识，二是培养健康休闲方式。在居民休闲意识方面：要在既有成绩的基础上，进一步强化政府尤其是体育、卫生、旅游等相关职能的职责，利用广播电视、移动互联网、公共交通、户外广告等多种宣传方式，加强对居民的健身、休闲宣传工作，增强居民的休闲意识。在健康休闲方式引导方面：一要重视宣传健康休闲方式，二要通过各种渠道传播正确养身护体、娱乐休闲的知识和方法，让他们掌握多样化的休闲技能。此外，公共部门还要在放假时间、工作制度等方面积极探索，为全面休闲的形成提供政策保障。

第四节 特色城镇、美丽乡村依托型全域旅游的开发

如果旅游目的地境内有品质优秀、风格鲜明的特色城镇，或有优美的乡村旅游资源、独特的乡村风景，那么目的地可以以此为依托来推动境内的全域旅游建设工作。典型案例如乌镇、周庄、琼海等依托小镇的全域旅游，有特色文化、特色风貌、特色业态等支撑，旅游引领风情小镇发展。郫县、湖州、婺源等美丽乡村依托的全域旅游，是就地现代化、就地城镇化的全域旅游新模式[①]。

一、特色城镇、美丽乡村依托型全域旅游的开发条件

（一）有发展潜力巨大的特色城镇、美丽乡村旅游资源

城镇通常指的是以非农业人口为主，具有一定规模工商业的居民点。虽然这个词有时候也泛指城市，是对城市和行政建制镇的统称，但与旅游发展紧密相关的城镇，应通常指"小城市"和具有一定基础设施的"集镇"和"村镇"。这里的特色城镇与特色小镇不同；特色小镇是一个专门术语。2016年7月1日，住建部、国家发改委、财政部联合发布通知，决定在全国范围开展特色小镇培育工作，提出到2020年培育1 000个左右各具特色、富有活力的休闲旅游、商贸物流、现代制造、教育科技、传统文化、美丽宜居等特色小镇。特色城镇是已经具备了一定特色，目的地可以依托其发展旅游，并最终推动地区全面发展的城镇，是城镇建设的"完成时"或"进行时"；而特色小镇是在块状经济和县域经济基础上发展而来的创新经济模式，是城镇发展的"进行时"或"将来时"。特色城镇一定具有较高的旅游价值，可在其基础上推动全域旅游建设；特色小镇则不一定必须与旅游产业挂钩，也不一定要走全域旅游建设道路。

与特色小镇一样，美丽乡村也是国家推动社会经济发展建设的

---

① 石培华. 多级联动分类推动创建工作[N]. 中国旅游报，2016-02-22（003）.

一种发展路径选择,是党在第十六届五中全会上提出的新农村建设新要求,是国家乡村振兴战略中的重要内容。在实际发展中,还有"最美休闲乡村""美丽田园"等与之对应的词汇。"美丽乡村"也可以看作是"进行时"或"将来时",是各地推进乡村振兴战略的建设目标或建设方式,与发展全域旅游可以依托的"美丽乡村"并不是同一个概念。

特色城镇、美丽乡村依托型全域旅游开发中的特色城镇和美丽乡村,主要是从旅游资源的角度来谈的。如果一个城镇拥有独特的古代建筑体系、特殊的生产生活方式、迥异的地方特色文化、特有的社会发展成就,乃至超前的科学技术特征(如航天航空基地)、独到的文化艺术氛围(如影视基地)等,能对旅游者产生较强的吸引力,能凭借其发展带动全域社会经济进步,那么它就符合特色城镇的定义。同理,如果一个乡村拥有特殊的地质地貌特征、独特的风景资源、令人愉悦的休闲条件、良好的生态环境和康养条件等,能吸引大量外来旅游者到访,带动本地旅游业发展和带动其他区域进步,就符合美丽乡村的定义。看一个地区是否能发展特色城镇、美丽乡村依托型全域旅游,应从本段中的定义出发去考查资源条件。

(二)有良好的区位和便捷的交通条件

特色城镇和美丽乡村依托型全域旅游的开发需要有良好的区位和便捷的交通条件,否则无法解决客源问题和区域内流通性问题。

区位条件是某个地理区域自然条件、历史文化、资源环境条件、社会条件的总称。从区位角度分析特色城镇和美丽乡村依托型全域旅游的开发条件,应首先分析目的地地理位置状况,分析其与邻近重要城市、区域附近村镇、企业等的相对关系和依存关系,对客源市场及支持产业的情况进行分析。良好的区位条件,能持续为目的地带来大量高质量的稳定客源,获得众多发展机会,同时在全域旅游的推进中可能涉及的资金、技术、人才的获取也更加容易。

在交通条件方面,要分析目的地的航空、铁路、高速公路网络建设和分布情况,离开了外部交通支持,客源的可进入性问题则无法解决;要重视对目的地内部公交系统、城乡公路系统建设情况的考察,它们是外地游客在本地内部流动的必要条件。交通条件是一个不断完善的过程，在考查目的地交通条件时，不是一开始就要求其交通条件十分完善，但要能达到支撑全域旅游发展的基本条件。

（三）特色城镇、美丽乡村的带动作用明显

特色城镇、美丽乡村要能在目的地社会经济发展中有足够的份量，能对周边地区和相关产业产生明显的带动作用，目的地才能依托其推进全域旅游的建设工作。这种带动作用可从现实的带动作用和可能的带动作用两个方面来评估，前者是对特色城镇、美丽乡村当前与周边地区和相关产业的关系进行分析，如果这种关系非常紧密，则说明未来的带动效益将比较明显；后者是对规划下全域旅游的未来发展情况进行分析，看在人为干预和规划下能否产生持续向好的带动效益。

在考察内容方面，可从特色城镇、美丽乡村在目的地的地理面积比重、人口占比、社会经济地位等方面进行考查。如果所占地理面积比例越重、人口比重越高，带动效益将更明显；反之则可能不够明显。在社会经济地位方面，要看特色城镇、美丽乡村在目的地的GDP比重如何、主要产业间的相互关系如何、目的地现有主体产业的性质如何等。例如，如果目的地的特色城镇、美丽乡村主要以旅游产业为主，而目的地的主要产业是重工业和采掘业，相比于目的地的主要产业是商业和农业来讲，其带动作用就要弱得多，因为重工业和采掘业与旅游业的关系很明显要弱于商业和农业，从商业和农业向旅游业的转型或融合也远比重工业与采掘业要容易。

（四）有良好的社会经济发展基础

良好的社会经济发展基础是推动全域旅游建设的必要条件，在前文已多有论述。与综合型全域旅游和都市功能区依托型全域旅游相比，特色城镇、美丽乡村依托型全域旅游对社会经济条件的分析更加重要。因为前边两种模式下的社会经济条件一般情况下都比较良好，而特色城镇、美丽乡村中有不少是因为长期闭塞才形成了特色，所以当地的居民可能在旅游意识、发展理念等多方面不能跟进，经济条件和基础性建设难以支持，因而对全域旅游的推进形成了阻碍。当然，

当今中国的绝大多数地区都具备了旅游开发的条件,但不同的社会经济发展基础,在具体路径选择和开发方式的选择方面就会有所不同。因此在推进特色城镇、美丽乡村依托型全域旅游的过程中,对社会经济发展基础的考察仍是必要的。

二、特色城镇、美丽乡村依托型全域旅游开发策略

(一)特色城镇、美丽乡村依托型全域旅游开发理论基础

1. 原生态理念

其实关于"原生态"并没有系统的理论,但它的提法却很流行,是近十几年来广泛用于表演、文化、规划、旅游等多种领域的流行语。这个词汇的正式使用是在2006年中央电视台举办的"青歌赛"上,经媒体传播后迅速走红,被多个领域广泛接受使用。

在人类学的视野里,"原生态"这一概念至少涉及了原始、原本、原生、原思、原型、原真、原住、原创等词汇的部分内涵[①]。比如"原始"强调了事物的源起,是事物的原初状态;又如"原本"和"原生",前者侧重强调事物客观的一面,后者强调了事物具有的历史延续性;再如"原真"是人类学对真实性的追求,包括原有的、应有的、确认的、公认的等义项。

"原生态"可与多个领域的词汇结合,将它用于旅游领域,可包含以下几层含义:首先,"原生态旅游"的提出背景是现代人对现代生活方式的反拨式调适,潜台词是对质朴、原始的异质文化生态的寻求。其次,"原生态旅游"的语境是在大众文化消费时代,原生态成为一种文化符号而被注入种种旅游产品的开发过程,以彰显其独一无二、土生土长、自然自在、未经污染与雕琢等特质,以其新鲜感吸引大众关注,获取商业利益,这仅仅是一种策略性的商业运作。最后,在现实中,由于各地民族文化的多样性和地质地貌的自然生态多样性,强化了人们对生态落差的兴趣,进而催生了供给侧对这种落差的开发与利用,于是原生态旅游开发模式则成为了必然。

特色城镇、美丽乡村依托型旅游的开发应当是基于原生态理念

---

① 彭兆荣,闫玉.论生态旅游、原生态旅游与原旅游[J].西南民族大学学报(人文社会科学版),2012,33(1):130-134.

的开发，它以不破坏目的地特色城镇、美丽乡村的原生态特质为基础，基于本真性原则对特色城镇和美丽乡村进行开发，最大限度地保持其原来的面貌，并充分利用现代手段对其做适当的加工改造，以形成旅游者追求的"原生态"旅游产品；在全域范围内不断强化和扩展这种原生态特质，逐步形成全域化的特色"原生态"旅游目的地。

2. 旅游地生命周期理论

旅游地生命周期理论借助了市场营销学产品生命周期理论的分析框架。1980年，加拿大学者巴特勒提出，一个旅游地的发展不可能永远处于同一个水平，而是随着时间的变化，旅游地会经历探查期、参与期、发展期、巩固期、停滞期、衰落或复苏期等阶段，且各个阶段与其他阶段有鲜明的特征区别，见表5-1。

表5-1 巴特勒的旅游地生命周期各阶段及其特点

阶段	阶段特征
探查期	旅游地的最初阶段，几乎没有专业的旅游设施。有少量游客受旅游地自然与文化吸引物前来观光，旅游地环境处于原初状态
参与期	旅游者逐渐增多、旅游活动的规律性增强，目的地开始提供简单的食宿设施。有了一定范围的旅游市场、旅游宣传出现、旅游季节逐渐形成、旅游交通设施出现、团体旅游出现、地方政府和旅行机构增加
发展期	大量广告、加上旅游者的宣传，旅游地吸引外来资本的进入，旅游地兴建了现代化的旅游设施，旅游地自然和社会环境变化明显
巩固期	游客增长率下降，总游客量继续增加，目的地大部分活动与旅游业有了关联，有了界线分明的娱乐、商业区，早起建设的设施可能已经过时，本地部分居民可能对旅游业的发展持反对态度
停滞期	游客量达到最大，旅游环境容量已趋于或超过饱和容量，各种经济、社会问题接踵而来，游客流失的压力巨大，自然和人文景观可能被人造设施替代
衰落或复苏期	无论是吸引范围还是游客量都不能和新的旅游地竞争，复苏阶段通过重新的市场定位和资源开发来恢复吸引力

尽管这一理论从提出就遭到人们的广泛质疑，但其仍在旅游地发展实践中起到了非常重要的作用。或许也正是因为如此，所以多年来人们一直不断对理论进行修订、完善，希望能提出一个完美的周期理论。就旅游业发展实际而言，这一理论对旅游地发展的作用如下：预测、分析、控制、指导，即可用该理论所提出的各个阶段的市场特征和旅游地所面临的具体情况，对旅游地的供给和需求进行预测、分析，并根据分析结果采取恰当的控制措施，指导旅游地采取恰当的经营措施。

虽然这一理论对于其他类型的全域旅游开发也可使用，但特色城镇、美丽乡村依托型全域旅游开发尤其应重视这一理论的应用。如上文所说，这一模式的全域旅游开发应重视"原生态"开发理念，在全域范围内以推广"原生态"的城镇或乡村资源以形成特色，进而实现全域范围内的旅游化。但是，"原生态"开发并不意味着旅游地对自己经营的产品完全不做变化，也不意味着在经营手段和策略方面完全不做改变。特色城镇、美丽乡村依托型全域旅游开发要科学规划开发进程，认清目的地全域旅游发展所处的生命周期阶段，在确保"原生态"开发风格的基础上，做好与目的地生命周期阶段相匹配的工作，并采取多样化措施延长目的地的生命周期、或促使其在衰退期重生。

（二）特色城镇、美丽乡村依托型全域旅游开发策略

1. 最大程度保持本真性，遵循原生态开发模式

特色城镇、美丽乡村依托型全域旅游的开发要遵循原生态理念，在开发中要时刻注意对所依托的特色城镇、美丽乡村的原有风貌和特色的保持，在保护的基础上开发，将开发建设与生态文明建设融为一体，实现对地区原有独特性的本真性维持。

首先，要辩证看待开发与利用的关系，明确保护性开发的具体路径。一方面，原生态的资源如果不开发利用，本身也得不到很好的保护；另一方面，对原生态资源的开发利用一定要做到科学合理。这就要求在开发时要做好控制性详规和产品设计，特别是要明确市场定位，彰显原生态特色，划定保护范围，配套服务项目；同时，要通过

修复整理恢复原始风貌,做到修旧如旧,体现自然山水风光和历史人文风俗的本来面目。要把资金投入到基础设施、公共服务体系、接待服务场所的建设上,把钱花在对自然原生态和人文原生态的恢复、整修和保护上[①]。

其次,要在保护和开发中彰显原生态特色。一方面,原生态开发本身就是特色,盲目借鉴和照搬往往破坏了原有资源的魅力。例如,风情独特的古镇,却将巨资投放在现代人工建筑的打造上,既造成了资金的浪费和原有氛围的破坏,又使古镇特有的风貌丧失;美丽乡村中大搞游乐园项目,既破坏了山村原有的生态,又丧失了山村宁静幽雅的特征,与发达地区的游乐园项目形成了不良竞争。另一方面,原生态开发并不是只停留于原有的资源存量,而是要在对原有特色深刻理解的基础上,充分挖掘和提炼既有资源的"原味",对原有资源中的遗失和不足予以修复和弥补,将原有资源中"味道"不足的地方予以"提味",将资源的最佳的状态更好地呈现给游客。

再次,重视本真文化的保护性开发。无论是特色城镇还是美丽乡村,离开了文化底蕴的支撑,仅凭外貌是难以长久维系的,更无法实现对全域旅游的带动。因此在开发中,要务必重视对本真文化的保护性开发。为此要做好几个均衡:一是传统性与现代化的均衡,在推崇设施设备、思想观念、管理手段现代化的同时,不忘以传统文化作为底蕴;同时也不片面强调产品的抽象文化价值,让客人能以某种他们习惯的现代化方式体验传统文化精神。二是本真性与商品化的均衡,不能把经济效益摆在过高地位,在旅游产品或商品的开发设计中既要遵循经济规律,也要遵循文化法则。三是开放性与限制性的均衡,旅游地不开放无法发展旅游,但全开放又容易使原有文化遭到过度破坏,要恰当处理这二者的关系,使旅游地能在最大限度的文化原真性维持上实现旅游的发展。

2. 建立多元主体模式,重视城镇、乡村特色打造

特色城镇、美丽乡村依托型全域旅游的开发首先要重视特色城镇、美丽乡村本身旅游的开发建设,以它们的旅游吸引力和区域影响

---

① 刘之明. 旅游开发建设要注重保护原生态 [N]. 湖南日报,2015-03-25(008).

力逐步融合区域内其他地区和产业的参与，最终实现全域旅游化。在特色城镇、美丽乡村的开发中，要注意多元主体开发模式的建立，并注意多个主体间关系的协调。这些主体可能通常涉及以下机构。

（1）政府及其统一领导协调机构。政府在所有类型的全域旅游开发中均扮演着主导者的角色，他们负责提出战略、总体统筹、全局谋划、提供政策等支持保障等，是特色城镇、美丽乡村依托型全域旅游开发中的重要角色。通常，政府应设立全域旅游的统一领导协调机构，如地方旅游发展委员会或其他类型的机构，来代表政府直接统领全域旅游的开发工作。在全域旅游推进初期的特色城镇、美丽乡村的开发中，政府也扮演着非常重要的角色。

（2）开发委员会。这是由政府、开发组织、特色城镇或美丽乡村的市民或村民代表共同组成的非营利性组织，负责在特色城镇、美丽乡村的具体旅游开发中的联系、协调、监督工作，确保特色城镇、美丽乡村的开发能有序进行。该组织的工作对象主要是特色城镇和美丽乡村的旅游开发本身，并负责建成后的日常运营监督与协调；在目的地整体全域旅游开发中，他们可以提供经营借鉴和与其他开发主体的联系、协调。

（3）规划组织。规划组织是负责特色城镇、美丽乡村的旅游建设规划者。从立项之后的基础调研开始，一直到规划实施建设，从头到尾承担具体设计工作和专业顾问。规划组织需要坚持从整体效益和可持续发展的角度出发，做出公平合理的规划决断，尽力平衡多方的利益。

（4）开发企业。开发公司是参与特色城镇或美丽乡村开发建设的利益实体，建设的同时追求一定的利益回报。他们最看重的是经济利益。

（5）城镇、乡村居民自治组织。这类自治组织代表着特色城镇、美丽乡村的市民或村民利益，通常有居委会、村委会等形式，在特色城镇、美丽乡村旅游开发中可以代表市民或村民与政府、开发组织等进行协商沟通、反映市民或村民的利益诉求，并督促开发建设工作按照他们的要求来展开。市民、村民通常在旅游开发中处于弱势地位，因此这类自治组织的作用就很关键。

上述五类主体的关系可如图 5-2 所示。

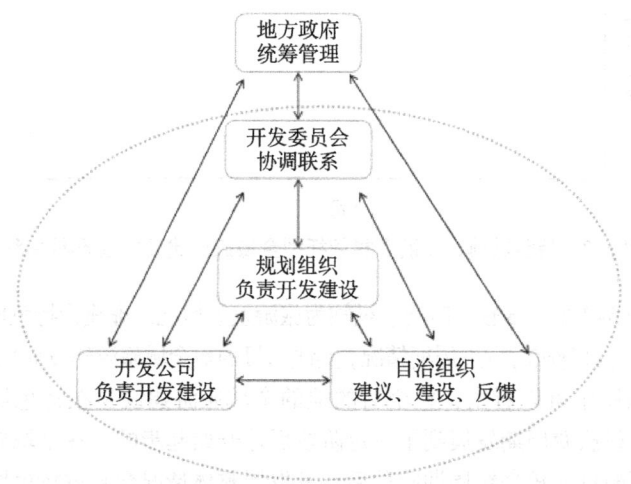

图 5-2 特色城镇、美丽乡村旅游开发主体及其结构关系

在特色城镇、美丽乡村旅游开发成功后,政府及其发展全域旅游的统一领导协调机构要按照规划的要求,逐步将城镇、乡村的旅游开发和全域内其他地区与产业融合,最终实现全域范围内的旅游开发和社会经济共同发展。

3. 关注生命周期阶段,适时促进转型升级

特色城镇、美丽乡村依托型全域旅游的开发至少涉及两个周期:一是目的地全域旅游开发的周期,二是特色城镇、美丽乡村自身旅游发展周期。总体来说,特色城镇、美丽乡村的建设周期是目的地全域旅游开发周期的组成部分。通常的情况应该是,特色城镇、美丽乡村的旅游率先得到了发展,进入了生命周期的较高级阶段;目的地再凭借它们已经形成的市场吸引力和产业带动力,逐步在周边地区和相关产业中推进旅游与相关要素的融合。两者的关系如图 5-3 所示。

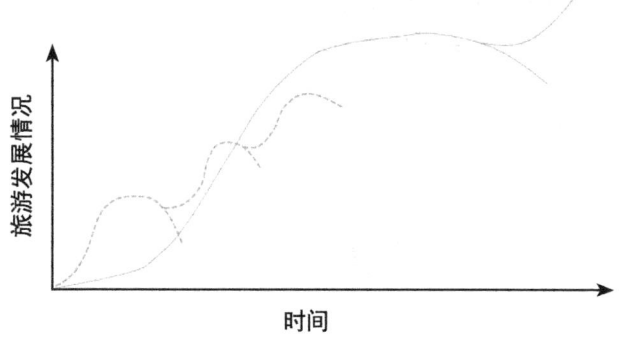

图 5-3　特色城镇、美丽乡村依托型全域旅游建设的双周期关系

图 5-3 中，横轴为时间、纵轴为旅游发展情况；虚线为特色城镇、美丽乡村自身旅游发展周期情况，实线为目的地全域旅游建设周期情况。

从图中可以看出，整个目的地的全域旅游建设是在特色城镇、美丽乡村旅游周期发展到了一定阶段后才开始起步的，在全域旅游的发展不断进入较高级周期阶段后，其发展整体情况会超过特色城镇、美丽乡村的旅游发展情况。在全域旅游建设中还存在大量的类似周期关系，但无论哪一个产品或项目的周期发展均应该在进入衰退期或复兴期后争取升级，推动旅游发展进入下一个成长期，即进入下一个生命周期巡回。

在特色城镇、美丽乡村依托型全域旅游开发中，无论是针对哪一个周期，都可以根据实际情况，在产品转型、产业融合、环境升级等方面多加努力，开发养老旅游、旅居旅游、修学旅游等符合旅游消费新时尚的旅游项目，在空间重组、文化发掘、地区协同等多方面探索，融入智慧旅游、文旅创客等多种时代元素，促进旅游目的地整体旅游产品升级换代，持续保证旅游地魅力。当然，这个过程中的升级换代是建立在保证"原生态"旅游开发模式的基础上的，不以改变目的地原有风格、特色和内涵为基础，更多从旅游发展的路径、方式、手段来促进升级。

上述策略重点谈了特色城镇、美丽乡村依托型全域旅游开发中的独有策略，对于其他开发策略，与其他类型的全域旅游开发相同，在此不再赘述。

第五节 特色产业依托型全域旅游开发

目的地如果有某种特色鲜明、知名度高的特色产业,并可以与旅游业发展融合,形成地区新的社会经济发展力量,那该地就可以采取依托特色产业、构建全产业链联动的全域旅游发展模式。例如山东烟台的葡萄酒旅游集聚区、云南罗平的油菜花旅游、北京海淀区的科教旅游区、深圳大芬村的油画村旅游区等,特色产业的集聚和创意体验,构建新型的全域旅游区和新的产业功能区[①]。

一、特色产业依托型全域旅游的开发条件

(一)有特色鲜明、知名度较高的特色产业

特色产业依托型全域旅游的开发当然首先要有足够独特的特色产业存在,否则发展就无所凭借。因此,要采取此种类型的全域旅游发展模式,首先要对区域内的特色产业予以识别。

学界对特色产业的研究通常基于以下四个角度[②]:一是从特色资源的角度,即如果某地具有独特的或者排他性的资源,以这些独特或者排他性资源为基础而形成的优势产业即为特色产业,如山西的煤矿,具有极强的地域性、规模性、竞争性,通常不具有可复制性;二是从生产要素比较优势的角度,即是区域内拥有得天独厚的自然资源优势、区域位置优势、特色传统文化优势,或者在科学技术垄断性优势、稀缺人才资源独占性等优势的基础上,集聚与之有紧密联系的生产经营企业,形成具有规模优势的特色产业群体;三是从产业优势的角度,即充分利用经济区域的地理优势,形成具有强大的市场竞争力、规模经济效应和强烈区域色彩的优势产业集群;四是综合比较而言,认为一个地区在长期历史积淀、综合运用地区内各种资源而形成的具有区域特色、核心竞争力的产业或产业集群就是特色产业。因此在对区域内的特色产业进行识别时,可以从这几个角度去探究。

---

① 石培华. 多级联动分类推动创建工作 [N]. 中国旅游报,2016-02-22(003).
② 彭四平. 特色产业发展理论研究 [J]. 中国市场,2018(1):56-57.

（二）特色产业在地区产业中地位较高，带动能力强

一个地区不是拥有特色产业就能以之为依托发展全域旅游，还要看地区的这个特色产业是否有足够带动全域发展的能力。具体来说，可从以下几个方面予以考查。

首先是特色产业的产业规模和在当地产业中的比重。特色产业如果只有"特"，没有足够的规模是难以成为目的地全域旅游的发展依托的。可以根据产业的具体属性，设置产业总产值、年增加值、从业职员总数、企业数量、年增长率、从业人员占地区劳动人口的比例、产业值占地区 GDP 的比例、产业人均 GDP 值等指标，对产业的规模予以了解。

其次是特色产业的带动能力。特色产业要能带动地区发展，才能被全域旅游开发所依托。可以根据特色产业的关联产业数量、关联地区范围、就业人口数量等方面考查该产业对地区其他产业和就业人口的依赖性，通过产业发展对地区生态环境、社会文化、医疗卫生等领域的影响预估其对地区全面发展可能产生的带动效应。

再次是特色产业的生命周期阶段。传统的产业生命周期理论认为，与产品生命周期理论类似，一个产业也会经历从无到有、从有到优、再走向衰亡的过程，其发展历程主要包括四个发展阶段：起步期、成长期、成熟期、衰退期。这四个阶段又可以进一步细分为六个阶段：先导阶段、萌芽阶段、培育阶段、增长阶段、成熟阶段、衰退/复兴阶段。如果地区的产业尚处于起步期或先导阶段和萌芽阶段，很难说该产业是当地的特色产业，目的地也难以依托该产业推行全域旅游战略；处于成长期或增长阶段的特色产业是推进全域旅游的最理想阶段；处于成熟期的的特色产业如果没有持续发展动力，在依托其开发全域旅游时要保持足够的谨慎；衰退/复兴阶段不是完全不可以发展全域旅游，如果产业本身可有巨大的复兴能力、或具有较大的历史遗址价值，仍可以依托其推进全域旅游的开发，但要重视策略的科学选择。

（三）其他相关社会经济条件

与其他类型的全域旅游一样，特色产业依托型全域旅游的开发也需要全面考查目的地的社会经济状况。如果目的地的自然资源状况、

区位状况、经济发展状况、交通条件、公共设施设备良好，政府行政效率高、社会服务能力强、政策保障体系完备，当地居民受教育情况良好、人才充足、居民创新创业积极性高、思想潮流、社会和谐，该目的地就具有良好的发展全域旅游的支撑条件。反之，则说明该目的地的条件还不充足，或者需要从基础条件着手开始推进全域旅游建设工作，其工作难度较大。

二、特色产业依托型全域旅游的开发策略

（一）特色产业依托型全域旅游开发的理论基础

1 产业集聚理论

产业集聚是指一组在地理上靠近的相互联系的公司和关联的机构，它们同处或相关于在一个特定的产业领域，既竞争又合作，由于具有共性和互补性而联系在一起，是彼此关联的公司、专业化供货商、服务供应商和相关产业的企业以及政府、相关机构包括大学、智囊团、职业培训、中介机构以及行业协会等的集聚体。在产业集聚中，除了企业外，还存在大量的组织和机构，如地方政府、协会、各类中心和研究机构等[1]。

产业集聚的基础理论众多，如外部规模经济、贸易与分工理论、新经济地理思想、工业区位论、市场区位论、创新产业集聚论、新产业区理论、波特的钻石模型等，广泛涉及经济学、管理学、地理学、社会学等诸多领域。这些理论从各个角度解释了产业集聚的性质、动因、形成机理、优势的来源等。产业集聚能在外部经济、创新效益、竞争效益等多方面为地区经济发展带来好处，各个地区可以根据自身的实际情况，选择恰当的理论解释和指导地区的产业集聚过程。

影响产业集聚的因素众多，通常有属于宏观因素的需求条件、经济环境、文化传统与基础条件及一些外部特殊干预等，属于集群自身属性的对专业投入因子的吸引能力、提供准公共品服务的能力、信息服务的质量与效率、与外界的关联度等，集群内部各企业间的信任状况与制裁机制、相互间联合行动的开展情况、彼此产品的互补性程

---

[1] 王洁. 产业集聚理论与应用的研究 [D]. 上海：同济大学，2007.

度、相互竞争状况与管理技能、学习与创新能力等特征。如果要改善区域内的产业集聚状况，可从这些因素着手去改变。

在特色产业依托型全域旅游开发中，目的地的特色产业发展状况至关重要，而依托其发展起来的全域旅游产业也体现了极强的产业集聚特征。因此在这类全域旅游的开发模式中，应当对产业集聚相关理论要有所研究，并以此为指导来研究这类全域旅游的具体开发路径。

2. 产业融合理论

产业融合是伴随技术变革与扩散过程而出现的一种新经济现象，是指不同产业或同一产业不同行业相互渗透、相互交叉、最终融合为一体，逐步形成新产业的动态发展过程。通常认为，产业融合有以下基本特征：其本质是一种创新、它通常发生在产业边界处、是一个动态发展过程、是产业间分工的内部化、是信息化与工业化融合的重要依据[1]。

产业融合可分为产业渗透、产业交叉和产业重组三类。产业渗透是发生于高科技产业和传统产业在边界处的产业融合，体现为高新技术及其相关产业向其他产业渗透、融合，并形成新的产业。产业交叉是通过产业间功能的互补和延伸实现产业融合，往往发生于高科技产业产业链自然延伸的部分；这类融合通过赋予原有产业新的附加功能和更强的竞争力，形成融合型的产业新体系，更多地表现为服务业向第一产业和第二产业的延伸和渗透。产业重组主要发生于具有紧密联系的产业之间，这些产业往往是某一大类产业内部的子产业，更多地表现为以信息技术为纽带的、产业链的上下游产业的重组融合，融合后生产的新产品表现出数字化、智能化和网络化的发展趋势，如生物技术与农业的融合[2]。

在产业融合理论基础上，不少学者对旅游产业的融合理论进行了进一步研究。上述几种产业融合形式在旅游产业融合中均有体现，是能指导全域旅游发展实践的重要理论，对所有全域旅游开发模式均有帮助。在产业依托型全域旅游开发中讨论这一理论更加重要，因为这一开发模式是从特色产业集聚和旅游与特色产业的融合开始的，它

---

[1] 卢福财主编. 产业经济学 [M]. 上海：复旦大学出版社，2013.
[2] https://baike.so.com/doc/51152-53586.html.

与其他类型如都市功能区依托、特色城镇美丽乡村依托、生态功能区依托、景区依托等资源类依托不一样,如果目的地旅游业与特色产业的融合无法达成,这类依托下的全域旅游开发就无法实现。

3. 其他一般旅游开发理论

除了上述理论外,在旅游开发中的其他一般理论,如增长极理论、点——轴理论、系统理论、可持续发展理论、协同论等在特色产业依托型全域旅游开发中也有重要作用,可根据具体情况选择何种理论及哪些理论的组合。

(二)特色产业依托型全域旅游开发的具体措施

1. 明确特色产业发展模式,基于产业集聚理论做大做强特色产业

特色产业是旅游目的地特色产业依托型全域旅游开发的基础,将特色产业做好是目的地进行全域旅游开发的第一步工作。为此,目的地首先要对区域内特色产业的基本情况予以剖析,明确其特色产业的发展模式,探索做大做强特色产业的具体方式。

不同地区的特色产业各有不同,其形成模式也各有差异;不同形成模式下的特色产业的发展壮大,应走不同的道路。笼统来看,特色产业的发展模式可归纳为以下几种类型[①]。

(1)市场驱动型发展模式。主要是通过培育特色产品专业市场,特别是专业批发市场来带动区域专业化生产和产供销一体化经营,又分为产地市场驱动型发展模式、销地市场驱动型发展模式、集散地市场驱动型发展模式3种模式。

(2)龙头企业带动型发展模式。指以特色产品的生产、贮藏、运销企业为龙头,围绕一项或几项产业产品(也包括原料),实行生产、加工、销售一体化经营,并以此带动当地相关产业和区域经济发展的模式。很显然这种模式中,龙头企业是关键。

(3)园区基地主导型发展模式。指以园区和基地建设为主,按规划把特色产业的生产加工企业集中在园区实现相关产业积聚,把特色资源以基地的形式统一进行规模化经营,达到规模经济,从而带动

---

① 陈爱东. 构建西藏特色优势产业体系的财政支持研究 [M]. 北京:光明日报出版社,2012.

相关产业和区域经济发展的模式。很显然，这种模式是基于产业集聚理论的，而且主要基于地理因素进行产业集聚、打造特色。

（4）工程项目推动型发展模式。通过政府和企业以及个人等各方的财政资金、企业和个人投资建立特色产业发展项目，改善特色产业发展环境，推动特色产业快速发展，促进当地经济加快发展的一种模式，通常采用"项目＋个人"的形式。这种模式下政府通常扮演着重要角色。

（5）合作经济组织带动型发展模式。指各种居民专业合作经济组织通过实现劳动和资金的联合，把分散经营的居民组织起来，为特色产品的销售、加工、运输、贮藏以及与产业生产经营有关的技术、信息等提供服务，带领居民进入市场参与竞争，从而带动特色产业发展和居民增收的一种发展模式。这种模式在农村特色产业发展方面尤其表现突出，一般有"专业组织＋企业＋农户""专业组织＋农户＋基地（或市场）"的形式。

（6）居民自我发展模式。指居民自主搜集市场信息、自主决策、自担风险的特色产业发展模式。这种模式是居民在长期的实践中摸索发展成长起来的，然后在政府的统一引导、规划下逐步壮大。随着这种模式的成功推广，逐渐演化为政府引导、居民自我发展，最典型的就数"农家乐"模式。

上述六种模式展现了特色产业的主要形成过程。为了更好发展这些特色产业，目的地应基于产业集聚理论，通过整合集群内的企业、提升创新能力，创造条件吸引高素质人才，提供优惠政策、吸引外资，制定特色产业升级计划，促进地区产业的特色更加明显、更有优势和竞争力。对于不同模式下形成的特色产业升级，应采取不同的集聚促进方式。例如，市场驱动型模式下的特色产业要针对市场需求，开发特色产业的关联产业、提供"一站式"满足市场需求的产业集群；龙头企业带动型模式要重视龙头企业的作用，通过龙头产业优势能力的培育，带动地区相关产业集群的升级；园区基地主导型产业的特色产业要重点突出园区基地的作用，以核心——外围理论、增长极理论等空间扩展理论来促进产业集群的形成和升级；后边三种类型的特色产业发展中均要重视政府主导或引导的作用，充分调动地区参与者的积极性,广泛整合地区各种资源和力量的参与,建立更加高效的产业集群运营模式,提高地区特色产业的影响力。

2. 明确特色产业旅游化路径,强化特色产业与旅游业的关联

要依托特色产业发展全域旅游不仅要做好特色产业本身,更需要将特色产业与旅游产业融合,从特色产业带动旅游发展、到特色产业与旅游产业集群化发展再到全域旅游化反哺特色产业的发展,并最终实现地区全域旅游战略目标的全面实现。

首先,要明确能促使特色产业与旅游产业融合无形要素。产业融合理论认为,正是跨越产业边界的无形要素能在融合产业间同时应用,并由于其无形性可以得到迅速的扩散和发展,因而能促成产业间新业态的出现,最终实现产业融合。在旅游产业与其他产业融合的过程中,有旅游产业主动融合其他产业和其他产业主动融合旅游产业两种形式。在目的地全域旅游开发中,若是走旅游产业融合特色产业的路径,可以考虑由旅游产业为特色产业提供旅游服务来实现,此时的旅游服务即是促使特色产业与旅游产业融合的无形要素。若是走特色产业融合旅游产业的路径,则需要明确不同特色产业中的无形要素是什么,再考虑产业融合的具体形式。例如,以科技产业来融合旅游时,科技产业中的科技特性就是这种无形要素,可以在特色产业与旅游产业中同时应用,并由此结合而衍生出科技旅游的有关业态。

其次,明确特色产业与旅游产业融合的具体路径。在旅游产业主动融合特色产业的过程中,需要特色产业中有能对旅游者产生吸引力的因素,旅游产业再围绕这一因素向旅游者提供旅游服务,进而实现二者的融合。由于旅游服务这个无形要素进入到了特色产业中,形成了新的跨界产品,因此这个产品是否能对旅游者形成吸引力就成为了融合成功与否的关键。随着融合产品市场吸引力影响的增大,必然会对特色产业原有产业链产生影响,甚至可能导致原有特色产业特色的消失。很显然,在依托特色产业开发全域旅游的过程中,是不能让特色产业的特征消失的,因此在融合中要注意过程控制。类似的,在特色产业主动融合旅游产业的过程中,会导致旅游产业链的改变,例如,人工智能在旅游业中的应用,会改变旅游产业中出现大量基于人工智能的旅游产品和服务,既丰富了旅游产业业态类型,又使旅游产品的形态更加高级,实现了旅游产品的升级。通常情况下,旅游业由于天然的强大融合力,能在多数情况下接受其他产业的主动融合。当然,特色产业与旅游产业也可能存在两者彼此融合的情况。但无论是上述哪一种情况,目的地均要注意对融合过程的重视,确保融合朝着有利于地区总体产业升级和集聚形成的方向发展。

3. 政府主导推动全域旅游战略,实现目的地旅游全域化

在特色产业依托型全域旅游开发中,仍然需要充分发挥政府的主导作用,科学制定目的地全域旅游发展战略,做好全域范围内的发展规划,出台促进全域旅游发展的全域政策保障。在做大做强特色产业、确保特色产业的地区核心产业地位的基础上,探索特色产业与旅游产业融合的最佳路径,不断拓展产业边界、融合地区各大主体参与,丰富空间旅游产品结构,建立周到便捷细心的"全民共享"的旅游服务体系。建立大旅游观,结合时代融入休闲时代的旅游体验要素,融入大数据时代的消费新时尚,提供能满足覆盖旅游旧六要素与新六要素的全域旅游产品和服务,促成目的地全域旅游发展的战略目标,带动区域社会经济全方面进步。

第六节 生态功能区依托型全域旅游开发

生态功能区依托型全域旅游是依托优美的生态环境,开发与之有关的生态旅游产品,发展生态型全域旅游的开发模式。典型案例如青海三江源旅游区、西藏林芝生态旅游区、贵州百里杜鹃生态旅游区、香格里拉生态旅游区、内蒙古阿拉善沙漠生态旅游区等。这类全域旅游区,在保护生态环境同时,发展无景点、低开发、重保护的生态旅游区,将全域旅游作为生态环境保护的有效模式[①]。

一、生态功能区依托型全域旅游的开发条件

(一)有品质优越、覆盖面广的生态功能区

生态功能区是指能够提供水源涵养、水土保持、防风固沙、洪

---

① 石培华. 多级联动分类推动创建工作[N]. 中国旅游报,2016-02-22(003).

水调蓄、生物多样性维护等生态服务功能，对维护生态系统完整性、确保人类物质支持系统的可持续性、保障国家生态安全具有重要意义的区域。在环保部《全国生态功能区划（2015年修编）》中，全国生态区一共分为三大类、九小类，如表5-2所示。

表5-2 全国生态功能区类型

大类	小类	生态功能区数量（个）
生态调节	水源涵养	47
	生物多样性保护	43
	土壤保持	20
	防风固沙	30
	洪水调蓄	8
产品提供	农产品提供	58
	林产品提供	5
人居保障	大都市群	3
	重点城镇群	28

每种类型的生态功能区各有特点，其生态保护和资源利用开发的侧重点也各有不同。除全国范围内的生态功能区划分外，很多省市也开展了生态功能区划分。

就依托这些功能区展开全域旅游的目的地而言，首先要考查区域内是否有品质优越、覆盖面广的生态功能区。所谓品质优越，是指区域内的生态功能区拥有比较丰富的生态旅游资源和独特的生态特征，能对生态旅游市场产生吸引力，能开发出观光、度假、康养、研学等类型的生态旅游产品，在生态保护和旅游开发方面都取得良好效益，促进地区全方面发展。所谓覆盖面广，是指区域内的生态功能区的地域面积在整个目的地面积中占了较大比重，能在全域范围内形成较广的生态氛围；如果目的地全域范围均属于生态功能区，则无疑具有更好的开发条件。就实际开发情况而言，目的地全域范围内的生态功能区可能是单一类型，也可能是多种类型的叠加和交融，目的地应根据不同的情况采取不同的全域旅游开发策略。也可能存在划定的生态功能区面积远大于目的地行政区域面积的情况，目的地既可以依托自己行政辖区范围内的生态功能区推进全域旅游开发，也可以与邻近地区合作或在上一级政府的主导下共同依托生态功能区实施全域旅游战略。

（二）生态功能区旅游开发潜力好

生态功能区所奉行的政策是保护为主，利用为次。目前我国各类生态功能区都或多或少的存在环境问题，因此并不是每一个拥有生态功能区的地区都可以推行全域旅游战略。

如果目的地区域内的生态功能区处于水土流失严重、植被动物生存环境恶化等生态脆弱状况，或是承担着濒临灭绝动植物的培育及相关科研开展等生态任务，这类区域应严格保护，尽可能减少人为干预，不适合开发旅游或发展其他产业。如果生态功能区属于国家限制开发范围，只能有少量生产、生活功能可被开发，如果被旅游业利用也只能开发少量的生态旅游产品，这类地区也是以保护为主，可以适度进行旅游开发，但不能在区域内全面推进全域旅游战略。只有那些资源环境承载能力强、发展潜力大，可与旅游产业实现充分融合、且其他开发条件较好的地区，才能实施全域旅游开发战略。

（三）有全域旅游开发的一般社会经济支持条件

除了上述条件外，生态功能区依托型全域旅游的开发也需要其他类型全域旅游开发的一般条件。如良好的市场需求条件、较好的地区经济发展基础、方便的地区可进入性条件、全域旅游规划开发的人才条件、较好的社会公共服务设施条件、地方政府健全完善的政策体系等。不同类型的生态功能区在开发全域旅游时的路径会有所不同，其对社会经济支持条件的要求也有所不同。

二、生态功能区依托型全域旅游的开发策略

（一）生态功能区依托型全域旅游开发理论基础

1. 生态承载力理论

生态承载力是指生态、资源、环境对经济社会发展的支撑能力，

是生态系统的自我维持、自我调节、自我恢复能力,是一个生态系统在维持其结构和功能稳定性的前提下,所能承受的以人类活动为主的外界干扰的最大限度。生态承载力的大小可以反映出一个区域资源、环境、生态状况对社会经济发展水平的支撑强度和可承载的人口数量。生态承载力越大,表明该区域的生态质量越高,可承载的人口越多;反之,生态承载力越小,表明该区域的生态质量越低,可承载的人口越少。依托生态功能区进行全域旅游开发,首先要对区域内的生态承载力进行分析,以确定目的地是否可以开发旅游、能将旅游开发到何种程度、以及以什么样的方式来实现旅游的开发。

生态承载力对经济社会发展限定了一个生态资源边界,要求所有的经济社会活动都必须在这个边界之内,否则就会出现生态破坏、资源枯竭、环境污染,难以实现可持续发展。对区域生态承载力的分析,可将区域生态承载力分解为资源承载力、环境承载力、生态抵御力、环境治理力四个部分,如表5-3所示。

表5-3 地区生态承载力衡量指标体系[①]

总指标	一级指标	二级指标
区域生态承载力	资源承载力	草地资源承载力、森林资源承载力、水资源承载力、旅游资源承载力、湿地资源承载力
	环境承载力	大气环境承载力、土地资源承载力、固体废弃物承载力
	生态抵御力	草地覆盖率、森林覆盖率、水土流失治理率、土地退化治理率、区域抗灾率
	环境治理力	垃圾处理达标率、交通污染治理率、垃圾综合利用率

上述指标并不能直接用于地区生态承载力的研究,因为各个指标的权重和具体含义并未有阐释,但它为地区生态承载力的具体衡量提供了思路,可以参照这些指标来考虑目的地生态承载力的具体指标体系。

---

① 宋宸刚,陈建业.基于生态承载力理论的区域产业发展研究 [J].商洛学院学报,2018,32(2):13-16.

2. 低影响开发理念

低影响开发是西方在雨洪管理实践中，从微观生态工程技术的视角构建起来的基于生态的雨洪管理理论与方法，后逐渐扩展到城市规划、旅游开发等其他领域。

旅游开发中的低影响开发是在旅游建设项目中实践集约、低耗、可持续、循环经济理念的有效手段，主要涵盖了两个方面的内容：一是建设指导与评价量化指标体系，二是具有"海绵城市"功能的旅游示范性工程[①]。

前者是践行低影响开发的旅游总体规划顶层设计，它要在总体规划中体现出自然水文条件保护、紧凑型开发指标、提出低影响开发理念及要求，划定保护区域和开发边界。在水系专项规划中要提出供水、节水、污水（再生利用）、排水（防涝）的统筹性安排和整合性方案，将雨洪设施建设项目分解、细化到旅游景区的建筑、道路、绿地与广场、水系等具体建设项目中。此外，它还包括了政府联合规划、城建、城管、物业项目业主等部门和主体，构建海绵城市雨洪综合利用与管理体系，制定雨洪设施建设的实施和奖励办法等。

后者是指在扩建和新建城市水系的过程中建设人工湿地，利用生态技术手段形成人造水景和自然水体相结合的雨洪利用示范工程；在老城改造过程中，通过建设各类雨水调蓄系统最大程度地把雨水保留下来，普及小型雨洪设备；在景区改造和园林建设中，建设错落分布的小规模下凹式绿地、延时滞留塘和植草沟等，对条件成熟的单体酒店、度假区、旅游服务中心等建筑项目进行屋顶绿化，创建雨水收集回用示范工程；统筹传统排水设施和生态雨洪利用系统，利用互联网、物联网技术手段针对铁路桥涵洞较多的城区、地势低洼旅游区、易积水节点实施智慧监测与控制，提升城市雨洪应急处置能力。

按照此开发理念，在生态功能区依托型全域旅游开发中，应尽可能做好自然区域保护，从源头和细节做好雨水控制管理，最小化雨水径流对区域水文特征的影响，同时还要结合生态技术手段造景以做好雨水的有效利用。

---

① 张宝丹，解胲一，李越."多规合一"与"低影响开发"——旅游业供给侧结构性改革体系研究[J]. 管理观察，2017（19）:67-71.

3. 景观生态学理论

景观生态学起源于欧洲,是研究某一景观中生物群落与主要环境条件之间错综复杂的因果反馈关系的学科。其研究内容主要包括了景观结构、功能、变化、景观生态规划、建设、监管、预警等[①]。

景观结构指景观组成单元的种类、多样性、数量构成、空间与层次关系及其影响因素,包括斑块、廊道、基质,以及要素的类型、数量构成、空间配置形式,多样性、破碎化、联通性、优势度等特征。

景观功能指景观通过其生态学过程对自身内部及其他相关生命系统生存和发展所能提供的支撑作用。

景观变化是随着时间推移,景观在不同驱动因素作用下,其结构和功能发生的变化过程、特征与规律,包括景观变化标准、稳定性及其测度、变化的驱动力以及空间模式。

生态景观规划中,通常有集中于分散相结合模式、生态网络模式、"千层饼"模式、区域生态系统模式4种常见模式。

景观生态保护与管理:景观生态学要运用生态学的原理和方法探求合理利用、保护和管理景观的途径与措施,如通过建立科学实验与数学模型研究景观生态系统最优的组合、建立人文景观和自然景观保护区等。

景观生态监测和预警:景观生态监测和预警是对人类活动干预和影响下生态环境变化的监测及对可能发生的变化预测。任务主要是对自然、生物圈和人文生态系统等组成部分的状况进行连续的监测,确定这些组成部分的改变情况,并查清人类活动对这些改变所起的作用。

生态功能区依托型全域旅游的开发要用好景观生态学理论,理清景观与生态环境的相互作用,重分考虑好科学景观规划的"水平关系"和"垂直关系",做好目的地景观单元、空间布局的科学统筹。

(二)生态功能区依托型全域旅游的开发措施

1. 做好目的地生态承载力测评,谨慎选择全域旅游开发路径

由于生态功能区在生态保护中的特殊作用,依托生态功能区推进全域旅游战略的第一个工作就是要明确生态功能区的生态承载力情

---

① 杨尽.灾害损毁土地复垦[M].北京:地质出版社,2014.

况。只有在明白了目的地是否可以开发旅游、能以多大的强度开发旅游、可将旅游开发到怎样的程度等前提问题,才能为全域旅游战略的推进选择合适的路径。

生态承载力分析可以针对某一特定类型的生态系统进行承载力分析,也可以对区域范围内的总体生态承载力进行分析。由于要在全域范围内推进全域旅游战略,因此这里要分析的是第二种。在全域范围内展开生态承载力研究,通常要经历如下步骤,如图5-4所示。

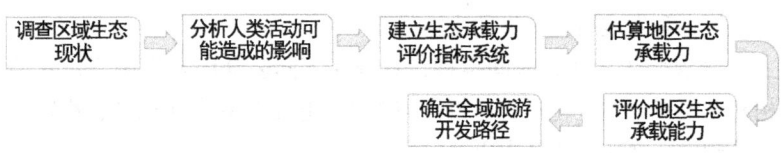

图5-4　全域生态承载力研究流程

在研究全域范围内的生态承载力时,第一步要通过实地调查、遥感技术、统计资料等手段和途径,了解全域范围内当前的生态状态;第二步是要分析人的活动对区域生态情况可能产生的影响,尤其是旅游相关活动可能产生的影响;第三步是根据区域实际情况,构建生态承载力评价指标体系;第四步是对目的地生态系统各主要功能不被破坏下的生态阈值进行估算,即确定比对值;第五步可借助层次分析法等分析方法对目的地区域内的生态承载力进行计算,并将计算得出的值与标准阈值进行对比,得出地区综合生态承载力情况;最后在上述分析的基础上,对目的地是否要推进全域旅游战略及如何推进全域旅游战略等路径性问题进行分析,拿出应对当前承载力状况的办法。

2. 贯彻低影响开发理念,最大限度保持目的地原生态

在生态功能区依托型全域旅游开发中,要将雨洪管理的低影响开发理念转换为旅游开发中的低影响开发理念,确保对目的地生态功能区的最小影响、最大限度保持目的地的原生态。在旅游开发中贯彻低影响理念,可从以下几个方面探索[1]。

---

[1] 董丽,范悦. 低影响开发理念在乡村旅游建设中的应用研究 [J]. 建筑学报,2014(S1):70-73.

首先是从源头控制对生态环境的影响，采取低废弃策略。即合理转化和利用旅游开发中的自然资源和能源，探索旅游开发中废弃物的重新再利用方式，提高资源利用的灵活度。这样不仅能减少旅游开发对环境的破坏力，又能使旅游产业的发展获得足够经济的资源和能源。例如，用开发中产生的碎石来铺建特色道路、用生物腐烂产生的沼气来发电等。

其次是尽可能模拟自然，采取低干预策略。在全域旅游开发中，充分利用自然界中的天然能源、水文条件与光照条件、温度变化与昼夜变化，来营造目的地独有的自然现象与风貌景观。在人工设施的打造方面，要尽可能减少外部要素的介入，以就地取材的方式打造能与当地特色融为一体的建筑风格和服务设施。

再次是景观打造方面秉持低开发，采取低建造策略。在全域旅游开发中，要建设兼具多种功能于一体的生态景观，尽可能减少项目开发点，避免对目的地的生态干预和破坏。例如，使生物研究基地兼有修学旅游基地功能，将经济林、防护林、景观林合而为一体。

最后是构建生态格局，采取低维护策略。即在全域旅游建设中要构建开放的生态景观系统，保持系统中各斑块、廊道与基质间的物质与能量流动。具体而言，要增加水资源、生态资源的循环利用，降低景观维护的资源补给，形成覆盖全域的水体循环廊道、物质流循环廊道，以及形成不同形状、大小与异质度的斑块景观，构成"点—线—面"结合的生态景观体系。

3. 打造多维生态景观，完善生态康养产品体系

在生态功能区依托型全域旅游开发中，要重视基于生态保护基础是多维生态景观打造，开发完善的生态康养产品体系。

首先，要维护目的地山地系统、水文系统、林地系统、农田系统的生态本真性，加强区域内生产、生活、休闲用地的规划，开发集观光、养生、康体、休闲、修学等功能于一体的多维生态景观，完善生态旅游的供水系统、供电系统、污染处理系统、通信系统等旅游基

础设施的打造，重视对便民服务设施，尤其是旅游厕所和垃圾处理设施的建设。在景观和设施的建造中，要重视景观、设施与生态环境在视觉和感知方面的一致性，要兼顾多种功能与生态功能的兼容。

其次，要重视生态康养产品体系的构建。前往生态功能区依托型全域旅游地消费的游客，多多少少都存在生态旅游消费的动机。与一般大众旅游消费者不同，生态旅游者一般多是为逃避日常枯燥的生活，挑战自我，在休息活动时亲近大自然，追求自然美；而在寻找归属感及感受成就、地位方面要明显弱很多[①]。为此，目的地要根据旅游市场的生态旅游动机，有针对性地开发与休息、逃避、追求自然美的有关康养旅游产品。从传统旅游六要素的角度出发，康养旅游产品的开发中：在"吃"方面要强调饮食的健康性，推出原生态的绿色、生态、健康食品；针对不同的康养需求，开发出美容养颜、延年益寿、养胃健脾、降血降脂等主题食疗食物。在"住"方面强调安全、舒适、温馨的住宿环境；通过空气、气候、温度、湿度的精准控制，提升住宿舒适感；提供助眠产品如配套运动器材和测量工具等，从各方面为旅游者做好良好睡眠质量的保障。在"行"方面要重视目的地旅游小交通体系的构筑，在步行、慢跑、自行车等小交通体系的打造上融合康体、休闲及娱乐功能，构建绿色健康的"慢游"交通体系。在"游"上要设计一系列旨在强身健体、调节心情、益智健脑和陶冶性情的康养旅游活动项目。在"购"上可提供与康养产品有关的消费产品和服务，如服务类的医疗服务、中医理疗、健康咨询等，实物类的养生食品、康养医药、康体器械。在"娱"上可提供如步行、游泳、高尔夫、户外探险等兼具娱乐性和康养功能的休闲娱乐活动[②]。

4. 重视全域旅游开发的一般理论应用，因地制宜选择全域旅游开发路径

除了上述与生态功能区紧密相关的旅游开发策略外，生态功能

---

① 钟林生，陈田. 生态旅游发展与管理 [M]. 北京：中国社会出版社，2013.
② 康养旅游产品层次如何搭建？https://www.sohu.com/a/251089759_99980951.

区依托型全域旅游的开发要重视对全域旅游开发的一般理论的应用,因地制宜地选择符合自身情况的全域旅游开发路径。例如,在生态保证的前提下,注重与其他产业的融合、发动全域力量投入开发建设中来,重视目的地政府的主导作用,重视目的地全域旅游政策保障和人才保障等保障体系的构建,重视基础设施和旅游设施的打造,重视特色旅游产品的开发,重视休闲时代特征的旅游产品开发,重视对现代科学技术的应用,重视全域旅游的市场营销工作等。

第六章 自主旅游时代下的全域旅游创新

全域旅游是在新时代我国进入新常态后兴起的地区社会经济全面发展新理念,各方面都体现出了与时代紧密联系的新特征。在推进全域旅游战略的时候,目的地应该在延续传统旅游开发思想与手段的基础上,充分考量时代新元素,并将这些新元素融入全域旅游开发实践中来。当前我国社会经济发展迅速,各种时尚、流行元素层出不穷;而与旅游业发展紧密相关的最大变化,无疑是自主旅游时代的来临。本章将结合自主旅游时代的特征,探索在全域旅游发展中如何创新。

第一节 自主旅游时代的创新趋势

"自主旅游"是绿维文旅董事长林峰博士提出的一个全新概念。随着经济发展水平的提升,旅游已经成为人们的一种重要生活方式,在旅游过程中追求个性化、深度化的体验需求不断升级。在旅游市场中,追求"想玩就玩""旅游由我做主"的群体表现出新时代下的共同特征,"自主旅游时代"随之到来。林峰博士不仅提出了自主旅游时代的概念,而且对该概念进行了深入剖析,并将之与全域旅游的发展创新进行了紧密联系。本书的阐释,多基于林峰博士的分析框架。

一、自主旅游概念辨析

(一)自主旅游的界定

自主旅游是在移动互联和智能科技支持下产生的游客完全自主选择旅游时间、旅游线路、旅游内容、出游方式、旅游服务方式与服务商等,以主题化、定制化、圈子化、小众化、深度化、随意化为特征的新型旅游方式[1]。自主旅游不仅是传统的自助游,也不仅仅是自驾游,而是在笼统包含了上述旅游形式的内容基础上的全新概念,它

---

[1] 林峰. 自主旅游时代到来. http://www.lwcj.com/w/151312871723770.html.

所带来的是一场消费领域和行业领域的革命。概括来说,自主旅游可以概括为"八自九化"的特征,如图 6-1 所示。

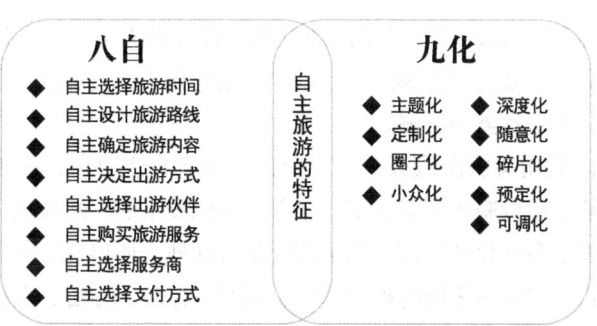

图 6-1 自主旅游的"八自九化"

1. 自主旅游的"八自"

在出游时间的选择上,自主旅游表现为何时出游不确定、出游多长时间不确定。旅游者可根据自己的时间方便,选择在任何自己空闲的时间出游;可以出游半天,也可以出游较长的时间;可以利用出差的闲暇出游,也可以将出游与工作融合在一起。

在出游的线路设计上,旅游者不是向旅行社等供给机构去购买既成的旅游线路,而是由自己自主决定何种线路。在线路的设计中,可能只有一个停留点,也可能有很多到访点;可能只停留于某一个目的地,也可能在多个目的地之间巡游。

在出游的内容方面,旅游者可以自主选择是观光、度假、攀岩、参加民俗活动,或是这些要素的某个组合,或是仅停留于某个山间小屋呼吸新鲜空气以修身养性。

在出游的方式上,大交通可以考虑飞机、火车、汽车、游轮,或是它们的组合;小交通可以考虑不行、自行车、景区观光车、大巴车等多种方式的组合,而不是由旅游供给方事先安排确定。

在出游的伙伴选择上,可以选择跟团游、与陌生人拼团,也可以考虑与家人、单位、朋友一起自助游,还可以考虑众筹、俱乐部出游等。伙伴出游也包括轻度伴游、多样化伴游和深度伴游等多种形式,还有儿童相关的亲子化、教育化、文化深度体验和原住民参与的伴游模式。当然旅游者也可以考虑自己一个人外出旅游、做到真正的逃离现实。

在旅游中购买何种服务也是由旅游者自主决定，而不是由供应者事前决定。如是否要参观某个景点，是选择导游员讲解或是电子导游讲解，还是不需要讲解。

在向谁购买旅游服务上也完全由旅游者自主决定，而不是由旅行社或某个旅游服务商来决定。随着供给侧改革的不断深化，旅游服务商出现了多元化的局面。除了传统旅行社外，还出现了大量的新型服务形式，如民宿里同时提供餐饮、用车、伴游、导游、农事体验等服务；传统旅游服务内容正被大量的新型服务机构以新的方式提供，创客可以做服务，单个家庭可以做，教育机构、培训机构、俱乐部、医疗、养生、养老服务机构等，都是旅游的服务机构。

随着移动支付时代的到来，旅游支付形式也越来越多样化。自主旅游的游客可选择多样化的支付方式，除了微信支付、支付宝支付外，传统的现金支付、旅行支票支付、银行卡支付、俱乐部支付、贷款支付、分期支付等形式也被广泛提供。

2. 自主旅游的"九化"

自主旅游时代的旅游活动体现出很强的主题化特征，每一次出游都有特定的主题，而不仅仅是传统旅游中的普通观光与休闲，例如迪士尼就是一个主题，为亲子去的是亲子主题，为恐龙去的叫恐龙主题。

自主旅游的定制化特征，是伴随着旅游者独特个性化需求的广泛出现而逐渐形成的。以往的定制旅游呈现出高端、高价格的特点，而自主旅游时代的定制呈现出普及化、大众化、经常化的特征。

所谓圈子化，用一句话定义就是"志同为圈"，由具有某种共同特性的人群，通过互联网技术及社交化工具聚合到一起，这些特性可以是共同的兴趣和爱好，可以是共同的理念和价值，可以是共同的组织属性，可以是共同的利益诉求等[1]。中国的圈子化越来越细分、

---

① 陈谏,叶曙光,卓越绩效 互联时代的绩效管理[M].北京：企业管理出版社，2015.

越来越多样化,同一个圈子往往具有共同的教育背景、社区环境、社交环境、喜好、文化、工作等关联,并在这些关联下产生了特定的圈子文化,进而产生了以圈子为纽带的自主旅游行为。

随意化表现为说走就走、想停就停,事先的计划可以被随意改变、而不用为此担负违约责任。这一方面是因为旅游的行程完全由旅游者自主决定,另一方面是因为有移动通信和即时服务等技术支持,旅游活动的随意化特征能得到有效的手段保障。

预定化是指中国人逐渐延用西方人提前预定旅游产品的行为,并呈现出一定规律特征。预定一方面能使旅游者需要的服务得到保障、并享受一定的经济优惠,又同时给供给方的经营带来了便利,使经营效益的可掌控性更强。

小众旅游是与大众旅游相对的旅游形式,其特征主要表现为个性需求特征明显,出游人数不多,旅游规模较小,相对分散,消费能力较强等。自主旅游活动不是追求公众普遍的旅游需求与爱好,呈现出小众化的特征。

深度化是指自主旅游的有一特征。深度旅游着重看是否会自觉、自主地与当地社会和民众进行接触和交流,而不需要或者尽可能少地让导游介入。深度旅游的特点是,去之前,对旅游目的地的情况了解比较透彻,到那里主要是为了踏踏实实地多待些天,尽可能地融进去了解异地的风土人情,增长知识,缅怀历史,避免"知其然不知其所以然"的"走马观花"式的肤浅感知[①]。

碎片化是与整体相对应的一种提法。与传统的旅游追求完整的内容与程序不同,自主旅游者并不追求走完整体旅游线路和获得全部旅游体验,不追求旅游过程中的大与全,而是追求在某个具体环节上的深入体验。整个行程可能是无数个毫不相关的旅游体验点的集合。

可调化是指自主旅游表现出很大的弹性特征,在旅游的内容、时间、形式等方面表现出较大的可变性。传统的旅游活动如果被调整,有可能会影响下一个环节的活动,或整个团队的旅游进程;而自主旅游下更换旅游项目或做出其他调整,并不会对他人的旅游活动产生影

---

① 毛蕊,华北,彭艳祥.深度游 内涵深深深几许[J].旅游纵览,2012(11):8-11.

响,也不会降低自身的旅游获得感。

林峰博士的这种提炼或许并不十分完美,但它确实体现出了新时代下旅游活动的"自主"特征,从较广泛的意义上总结了当下及今后的旅游消费特征及趋势,为全域旅游战略的具体实施提供了时代背景。

(二)自主旅游与自助旅游的区别

根据林峰博士的看法,"自主旅游"与已经广泛流行的"自助旅游"不属于同一个概念,虽然两者在很多领域有共同或交叉之处,但"自主旅游"应包含了"自助旅游",拥有更加丰富的内涵。

从字面意思上来讲,"自主"是自己做主,"自助"是自我帮助。"自主"强调了旅游者对旅游活动的一切决策拥有决定权,"自助"强调了旅游者对外界提供的旅游要素有自由组合权。具体来说,两者在以下方面存有差异。

1.两者产生的背景不一样

"自助旅游"是在社会经济发展与旅游业发展到达一定阶段的产物。在国外,20世纪60年代即逐渐兴起了自助旅游方式,我国则是在20世纪末期尤其是90年代以来才逐渐流行起来。自助旅游的形成通常需要以下条件:一是经济发展达到一定水平,魏小安在《中国旅游新世纪发展大趋势》中指出"凡是人均国民总产值达到800~1 000美元时,势必是一个旅游发展的波浪式消费阶段",经济发展能为旅游者的自助旅游行为提供经济保障;二是闲暇时间的增多,我国目前全年有100多天法定节假日,一些单位还提供了诸多带薪休假机会,在时间上给自助游提供了充足保证;三是科学技术的进步,主要表现为互联网和电子信息技术在旅游业的使用,为旅游者自助游创造了技术条件。

"自主旅游"以中国经济新常态为分界点,是我国经济发展从传统的不平衡、不协调、不可持续的粗放增长向速度适宜、结构优化、社会和谐的方式转变背景下出现的旅游新形式。如果说自助旅游是中国经济高速发展下的旅游消费方式,自主旅游则是中国经济由高速发展转为稳定发展下的旅游消费方式。在新常态下的旅游业发生了众多变化,主要表现为:一是旅游供给侧改革不断深化,旅游产业链条不断延伸,旅游产品吸引力不断增强,产业结构不断优化;二是"双创"

引导下的旅游创业模式大大助推了旅游业提质增效和转型升级，极大改善了旅游业生态圈；三是旅游目的地产品不断升级换代，主题化、品牌化的精品休闲旅游产品和跨界新业态不断涌现；四是新科技引领下的旅游业商业模式转变迅速，出现了一大批迥异于传统模式的碎片化、个性化旅游服务业态。这一系列的变化给自主旅游时代的到来铺就了坚实的基础。

2. 两者的内涵与外延不一样

"自助旅游"着重强调旅游者的自我帮助，这种自我帮助主要体现为对旅游供给方提供的各类旅游要素的重组与选择。例如，旅游者自己选择到已经建好的 A 景区去旅游呢、还是到 B 景区去旅游，而不是接受旅行社的推介；或者是对旅行社提供的旅游线路不满而自行设计旅游线路等。它通常包括了自驾游、公共交通自助游、徒步旅游等旨在休闲、修学、探险等常规旅游目的的旅游活动形式。通常来讲，自助旅游在催生旅游新产品、产生旅游新业态方面的作用较小，旅游者"自主"的比重较轻，且主要局限于对已有旅游要素的重组，它仍然会较大程度地受到旅游产业供给状况的约束。

"自主旅游"着重强调旅游者的全权决策，突出了旅游者在旅游活动中的核心主体地位。如果旅游者的需求在现有供给中找不到合适的产品能满足，他们可能会自己创新产品或在行业中呼吁新服务的产生。例如，传统的"自助旅游"可能不能深入真正的农家居住，体验真正的田园生活，自主旅游者可能会自己去找农家租赁住宿，而不必去管这户农家是否有营业权。前些年兴起的换寝旅游、互助旅游可算是自主旅游者探索旅游新模式的雏形。当然，自主旅游在很多方面与自助旅游的表现形式相同，但它是一个比自助旅游包含更广的概念，在"自主"方面的程度更高，且不限于对旅游供给方提供的旅游要素应用，对于催生旅游新产品、产生旅游新业态方面的作用更大。

二、自主旅游时代的需求分析

（一）自主旅游时代的需求特征

旅游需求是人类需求的重要组成部分，反映了人们希望在旅游活动中获得多种满足的意向总和。传统旅游模式下,旅游需求呈现出综合型、季节性、高层次性、高弹性等特征;在自助旅游时代下,旅游需求的特征出现了很多新变化,如季节性减弱、弹性变小等,但同时高层次性、综合性特征仍然存在,且综合性特征远比以往更加突出。除此之外,自助旅游时代的旅游需求还呈现出如下一些新特征。

1. 自主化

自主旅游时代下的旅游需求首先呈现出自主化的特征,主要表现为旅游者希望在旅游活动中更多的环节和方面自己做主。随着时代的发展,人们越来越重视自我价值的体现;在旅游活动中,已经不愿意接受在别人的安排下被动接受旅游产品和服务的模式,而是希望在旅游方式、旅游内容等多方面实现自我决策,体现自己的主观意志。当然,就目前的情况来看,自主化是一个逐步的过程,当前的多数旅游者还未能做到这一点,很多做到的旅游者也还只停留于较浅的层面。

2. 个性化

自主旅游时代旅游需求的特征其次是个性化,主要表现为旅游者对旅游服务商按传统模式提供的标准化旅游产品兴趣索然,代之以追求能满足自己特色需要的个性化服务。这种需求供应商往往难以预测、不能提前设计好了等待销售,而只能提供碎片化的基本旅游服务要素,由自主旅游者自行设计最终的旅游产品。

3. 深度化

自主旅游时代的旅游需求不会满足于表面的走马观花,不追求旅游环节的数量,而更关注旅游活动背后的文化底蕴、氛围感知,追求旅游活动带来的满足感。由于人们有更多的渠道了解和接受知识信息,自主旅游者已经拥有了较为广博的一般性常识,因此他们对自己已经熟悉的表层知识不再热衷,而是更希望在旅游中体会、品尝那些难以从互联网等间接渠道获得的感受与体验。

(二)自主旅游时代的消费者行为

多种渠道的数据证明,我国自主旅游的参与者以中青年、高教育者、大城市居民为主,这些群体个性张扬,自信而有活力,经济基础好,思想活跃,易接受新鲜事物,对智慧化旅游工具掌握良好。在消费行为方面,他们呈现出如下特征。

1. 在购买决策方面，以复杂购买行为为主

传统旅游者购买行为，可分为高度参与、品牌差异大的复杂型购买行为，高度参与、品牌差异小的减少失调感的购买行为，低度参与、品牌差异大的寻求多样化的购买行为，低度参与、品牌差异小的习惯性购买行为四种类型。自主旅游者对市场提供的旅游产品并不感兴趣，会自主决定旅游要素的选择，并运用已有的知识亲自搜集信息、对比分析，属于高度参与类型；而需要确定的旅游要素众多，涉及的品牌差异大，因此往往会表现出复杂的旅游购买行为。

2. 在购买内容方面，精神层面的产品重于物质层面的产品

虽然自主旅游者仍然对旅游传统六要素中的"吃、住、行、游、购、娱"等所涉及的物质产品有所要求，但他们往往更追求文化、韵味、体验等精神类服务。自主旅游者或许不在意乡村农田的泥泞、而愿意下田插秧以获得真实的农事体验；有可能对一家高档宾馆的硬件十分满意、却因为服务员的口吻不对而转投他家。在价格方面，只要商品和服务是符合自己要求的，通常对价格不够敏感，虽然他们仍会追求"穷游"，但实际上往往花费不菲。

3. 在消费计划性方面，冲动性与计划性并存

虽然自主旅游者往往在产生旅游行为时比较冲动，倾向于"说走就走"，但在实际规划具体行程时，仍会比较用心，强调旅游节点与线路的科学串联，重视旅游各大要素的合理组合。在旅游活动开展过程中，一些细节性消费也表现出较大的冲动性，对原有的计划行程产生了事实性影响。例如，由于事前没有预想到 A 目的地的旅游项目如此吸引人，于是决定再多停留几天，因而取消或减少了去 B 目的地的项目。

4. 在消费风格方面，以慢游、深度游为主

自主旅游者不再追求"在多地做停留"，而是追求"在一地多做停留"，强调慢游和深度游。慢游是以低碳交通方式前往有限的旅游目的地，放慢旅行、游览速度，停留更长时间以获得深度体验的新型旅游方式[①]。为了实现深度游，自主旅游者通常会选择去游客不多

---

① 李君轶，唐佳，张高军.慢游：概念、特征及动因[J].思想战线，2012，38(6)：118-122.

的旅游目的地，或者选择在非旺季前往旅游目的地旅游，停留的时间通常不短，前往的旅游目的单一，参与的方式以体验旅游为主。

5. 在整个行程中，重视对科技与时尚元素的追求

自主旅游者通常有较高的知识素养和开放的时代视野，对社会流行的消费时尚和科技在日常生活的普及都比较熟悉，在旅游活动的开展中重视对这些元素的追求。例如，以互联网和移动工具为手段，借助OTA、在线服务商及多媒体广泛收集与旅游有关的信息；从在线预订平台和旅游电商处订购旅程中的产品和服务；通过微博、微信等社交工具实时分享自己在旅游过程中的所得所感；以支付宝、微信支付等无现金支付形式实现"一部手机走天下"的便利等。

三、自主旅游时代的创新趋势

上文主要从需求端分析了自主旅游时代的变化。在市场对供给的反作用力下，旅游需求的变化必然带来旅游供给测的适时变革，自助旅游时代的旅游产业创新是时代催生的必然趋势。

（一）创新驱动因素分析

林峰博士将自主旅游时代下旅游产业创新驱动因素归为三大类：一是移动互联的发展与新媒体的出现，二是共享经济的盛行，三是AR、VR、AI等新技术的出现。从分析内容来看，林峰博士是从微观层面、对旅游业创新的直接驱动因素进行分析，这三类因素对旅游业创新起到了直接催动作用。如果从宏观角度来看，促使自主旅游时代的旅游业创新因素可归纳为以下几大类。

1. 市场驱动

促使自主旅游时代的旅游业创新最根本的原因，来源于市场因素。市场因素又可以分为两大类，一类是消费市场的需求升级，另一类是供给方的相互竞争。从两者对旅游业创新的驱动作用来看，前者属于根本性因素，是"根本中的根本"，正是消费者的诸多变化，迫使供给方要在多方面做出改变，这在上文已经分析过了。后者属于直接推动因素，供给方的激烈竞争促使他们需要从多方面探索创新、以求得"适者生存"或谋求更好的市场竞争地位。当下的旅游市场竞争异常激烈,且竞争的方面多种多样,不是提供传统意义上的"优质"服务就能争取到足够的顾客,能给人"眼前一亮"的创新和创意更容易受到市场的青睐。

2. 政策驱动

旅游行业创新的又一个驱动因素是政策,这包括了政府鼓励的态度和其推出的一系列鼓励创新的政策措施。政府在全范围内对创新的鼓励与支持,是推动全行业创新的重要力量,必然带动旅游业的全方面创新。2014年9月,李克强总理在夏季达沃斯论坛上首次提出了"大众创业、万众创新",在华夏大地掀起"大众创业""草根创业"的新浪潮,形成"万众创新""人人创新"的新势态。随后,中国政府先后出台了《国务院关于大力推进大众创业万众创新若干政策措施的意见》《关于建设大众创业万众创新示范基地的实施意见》《关于推动创新创业高质量发展打造"双创"升级版的意见》等指导性意见,推出了建立由发展改革委牵头的推进大众创业万众创新部际联席会议制度、举办全国大众创业万众创新活动周等具体措施,全面、深度、高质量地推动了全国各行各业的创新升级。全域旅游正是在这样的背景下被正式提出,它本身可被视为是旅游业及各地全面发展模式的一次根本性变革,是战略层面的创新,必然会驱动旅游产业在各层级、各方面展开创新的探索。

3. 技术驱动

技术一直是推动产业创新的重要因素,事实上,最早的创新就被简单地视同为技术创新。随着我国社会经济建设不断取得新成就,几十年来我们在技术领域内硕果累累,这些技术与旅游业的及时、完美的融合,不断推动着旅游产业走向更新。在这些新型技术中,对旅游业最为深远影响的是互联网尤其是移动互联技术的深度发展,它一方面使旅游业在"线上+线下"模式中游刃有余,另一方面推动了移动互联网新产品、新应用、新营销不断涌现,移动金融、移动出行、移动直播等行业都在近些年经历了深层次调整,极大推动了旅游业供给侧更新。此外,人工智能、物联网、VR/AR、云计算、空中无人机、湖面视觉艇、360°全景摄像头等新技术的出现,也在不断冲击着旅游行业的发展,在旅游供给端植入这些新技术,必将在旅游领域内产生更多新产品和新成果。

4. 社会驱动

当今社会的变革不仅仅局限于某一个领域,而是在全范围内实现了全面开花,社会中出现了很多推动创新变革的因素,它们都有促使旅游业供给侧在某方面发生变革升级的动力。在诸多推动变革的社会因素中,共享经济无疑是最值得一提的。这种基于陌生人及其物品使用权暂时转移的新经济模式,本身是基于互联网等现代科学技术手段来实现的,但如果仅有技术而没有人们观念的转变,共享经济下的资源更优配置会很难实现。因此共享经济是推动变革的社会因素、而不是技术因素。对于旅游行业来说,住宿和交通已经在共享经济下获得了长足发展。在共享经济下,各所有权主体可通过网络平台,将自有房屋、车辆等信息推送给游客,既加强了对闲置资源的合理利用,又满足了游客的多方面需求,深刻改变了人们的出行、游览方式和度假体验。而共享经济必然还会带来一系列的产品、服务及商业模式变革,带给旅游业更加深刻而全面的革新。

(二)创新趋势分析

在各类创新因素的驱动下,旅游业的全面创新时代已经到来。可以预见,在今后的发展中,旅游业及其相关产业中将出现以下的创新趋势。

1. 创新主体多元化

在国家"大众创业、万众创新"掀起了全民创新热潮的背景下,旅游业的创新将打破传统创新中的企业创新、科研机构创新等单一主体创新模式,呈现出旅游者、旅游从业人员、旅游供应商、旅游代理商、其他合作主体等共同参与创新的多主体模式。在这种模式下,每一个主体都可能从自己的视角出发,在旅游产品、旅游服务、休闲方式、出游形式、利益分享机制等方面探索新的变化,并最终促成新成果的出现。在创新实践中,可能是基于"好玩"而有了更好的创意,比如旅游者的创新很多并不是为了促进行业的发展;也可能是基于"生存"和竞争而主动探索,如各类旅游企业的创新多基于自己生存和发展的需要。可能是单一主体促成了旅游业的创新，如某旅游企业适时推出了全新旅游产品；也可能是多主体联合创新，如多产业融合产生了新业态，而不管他们是主动联合还是被动联合。值得一提的是，随着自主旅游时代的到来，旅游者在旅游产品、旅游服务、休闲方式等方面的创新比重会大大提高。

2. 对新技术的依赖性

旅游业具有很好的开放性，能很快融合社会经济科技领域出现的新事物。在已有的互联网技术与信息技术支持下，"互联网+旅游"带动了旅游业新营销、新消费、新商业等一系列变化的出现；在人工智能、大数据等科技的引领下，新场景、新体验等智慧旅游产品也已深入人心。技术领域里的每一次新变动，都催生了旅游业的多方面变革；反之可以想象，在缺乏技术支撑的情况下，很多旅游创新都无法达成。制度创新、政策保障等固然能对旅游业的创新起到很大的催化作用，但能直接促使旅游新事物出现的，仍然是科学技术。当然，前文提到过，人们观念的改变也很重要；但随着科学技术的普及，人们观念的改变也更加容易，科学技术本身能加速人们观念的更新。在自主旅游时代下，由于广大旅游者对科学技术成果的接受明显加快，受消费端反作用的旅游供给测创新会更加依赖于技术的进步。

3. 跨界特征更明显

传统旅游业本身已具备了较强的跨界特征，随着自主旅游时代的到来，旅游消费领域的多元化需求更难以被单一领域的供应商满足，跨界融合是未来旅游创新的又一趋势。"旅游+"是典型的旅游跨界手段，"旅游+文化""旅游+体育""旅游+教育""旅游+健康"等形式的融合已经取得了显著的发展成就。在自主旅游时代下，旅游业将在多元化市场需求的引领下，通过资源的深度挖掘和商业模式的创新构建，在更加广泛的领域中与多种行业深度融合，不断涌现出体验性、休闲性、主题性更强的新产品和新业态。

在共享经济背景下，旅游跨界的结果除了会产生旅游新产品和新业态，还会在商业模式的创新方面产生新成果。例如，从传统的线下为主到后来的OTA模式并不是旅游业创新的最终结果，随着跨界的不断深入，未来旅游商业模式将是线上、线下的深度融合；这种融合并非两者的简单叠加，而是双方业态的共同转型，需要重新梳理业务管理体系和采购分销系统，通过创新商业模式来实现整个行业的转型升级。

4. 根本性革新与碎片化创新兼具

根本性革新是旅游业某领域内或整个产业的根本性升级，比如行业发展模式的转变、产业地位的根本性调整等，这种创新带来的影响广泛、深入、长久，通常受一些发展新理念、新政策、新技术的影响而产生。随着时代的发展步伐加快，各种新思想、新事物不断涌现，这些新思想会推动行业管理者或参与者经营管理思想的转变，进而产生在新经营哲学思想指导下的行业发展新模式；而像人工智能、大数据等科技领域里的最新成果与行业的深度融合，势必对行业的发展态势产生根本性影响。另外，因为创新者主体众多，且市场需求变化十分频繁，针对一时一地旅游需求满足的碎片化创新也必成常态。这类创新有可能并不会在行业发展中产生广泛影响，其产生的成果也可能并不会有多长的生命周期；但它能在很大程度上满足旅游者日益强烈的个性化需求，且不会对政策、技术有太多要求，创新的积极性高、易被推广、机制灵活，因此也会产生大量的创新成果。

第二节 自主旅游时代下的全域旅游创新

自主旅游时代作为全域旅游战略推进的一大背景，其发展的各个方面均会对全域旅游的发展产生深远影响。全域旅游的发展不应视这些基本性特征于不顾，而要对这些特征做深入贴切地考虑，并将之反映到自身的发展实践中。林峰博士从自主旅游时代的新商业体系、新共享体系、新智慧体系、新营销体系、新业态体系五个方面进行了全面分析，概括了自主旅游时代下的五大创新体系[①]，它们均将在全域旅游战略的推行中产生深远影响。

---

① 林峰.自主旅游时代的全域旅游创新思路.https://mp.weixin.qq.com/s?__biz=MjM5ODUwNjk5Mw%3D%3D&idx=1&mid=2650177237&sn=59b95cbf37511826489b11b019715ea8.

一、创客创新——新商业体系

创客是"Maker"一词的中文译名,指不以盈利为目标、有独立想法并把想法变成现实产品的人,是热衷于创意、设计、制造的个人设计制造群体。他们是一群坚守创新、持续实践、乐于分享并且追求美好生活的新人类。"动手实现"和"自己的想法"是创客这一概念的两大核心。没有动手实现的创意不能称为创客,按照别人的创意去做也不是创客[①]。

林峰认为,自主旅游时代下推进全域旅游战略离不开创客群体的加盟,他们将在促进创新、创意和创造就业方面显现出更多的优势和重要性。这是因为:首先,自主旅游时代的个性化需求要求旅游目的地提供更多的极致体验和定制化服务内容,而机制灵活、市场敏感性强的创客群体在这方面有着天然的优势;其次,全域旅游的推进需要规划、建设、经营、管理等各领域人才的大量投入,创客群体是旅游目的地旅游人才的有益补充;再次,全域旅游发展需要不断延伸产业链条,进行产业融合,提升当地产业价值;最后,贯穿在旅游全产业链及相关产业链上的创客将成为促进当地经济发展、增加就业的重要推动力量。

基于此,林峰进一步规划了自主旅游时代下的全域旅游"创客"新商业体系,如图6-2所示。

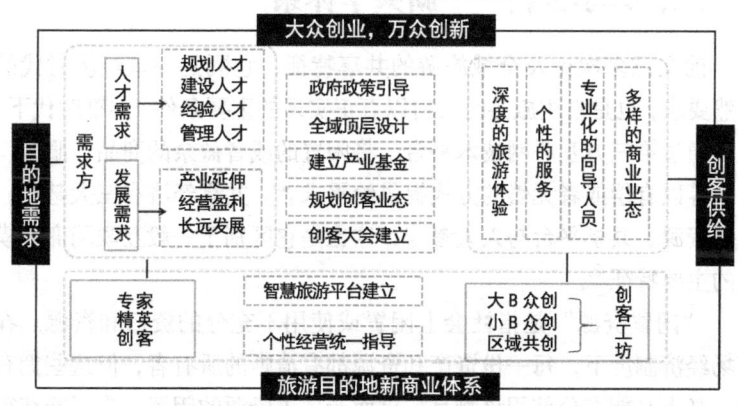

图6-2 自主旅游时代下基于"双创"的全域旅游目的地新商业体系

---

① 牛禄青. 创客 中国创新新势力 [J]. 新经济导刊,2014(12):10-17.

该商业体系是在自主旅游时代下,基于"大众创业、万众创新"而提出的旅游目的地新商业体系,包括人才体系、服务企业体系及政府支持体系。其中人才体系由来自与旅游相关的各个领域的专家、精英、学者、实操者等组成,是全域旅游发展的重要智慧支撑;服务企业体系包括大B、小B和目的地共创者,其中大B是指各种大型旅游服务提供商,小B是指单一角度或多个角度的旅游创业者,目的地共创者是指能为目的地提供一体化服务的个人或企业。

从这个商业模式中可以看出,政府需要在全域旅游视角下的新商业体系构建中扮演十分重要的角色。因为从本质上来讲,创客与威客不同,它本身并不是一种商业模式,而是一种对于创新的信仰。在这个新商业体系中要能确保创客优势的发挥,政府必须要在以下三个方面做好相关工作:首先,在顶层设计时,政府需要从区域整体发展的角度将创客体系和人才引进计划列入顶层设计,注重对当地创客进行良好规划与引导,对创客创业进行辅导与培育。其次,在发展阶段要注重对创客的政策与资金支持,建立基于"双创"的创业投资基金,给予一定的政策扶持。最后,在经营阶段要注重创客自主性的发挥,建立智慧旅游平台,对创客进行智慧化管理。

二、共享创新——新共享体系

前文已多次论及全域旅游的共享特征,它既是共享经济时代的必然要求,也是自主旅游时代得以真正实现的重要条件。共享时代下,人们通过第三方互联网技术平台,将闲置的或者盈余的商品、服务、经验等以有偿或者无偿的方式提供给需求者。共享经济有三大基础,闲置资源、共享平台与人人参与,这也是它区别于一般互联网商业模式的主要特征[1]。

"闲置资源"是指社会上闲置或使用不充分的资产和资源。在市场经济制度下,每一份资产和资源都有清晰的所有者,但这些拥有者未必未必能充分使用该物品,进而产生了资源的闲置。为了能获得

---

[1] 罗宾·蔡斯. 共享经济: 重构未来商业新模式 [M]. 王芮译. 杭州: 浙江人民出版社, 2015.

资源的充分应用,共享经济理念下的资源所有权和使用权得以暂时分离,资源的拥有者通过让渡使用权给使用者,使共享双方都获得了福利的增进。在共享理念的流行下,越来越多的个体开放了自己私有物品的使用权,并由此产生了良好的经济效益与社会效益。依此类推,既然个人可以从共享自己的闲置资源中获得利益,那么一个商业组织,一个政府的闲置资源共享也可以收到同样的效果。而公共资源和准公共资源的共享,其规模更大,对人类生产、生活方式的塑造也更具有变革性的影响[1]。

"共享平台"是指利用电子终端设备及通讯网络搭建的虚拟平台,其功能在于完成信息的交换。共享经济是建立在互联网和信息技术基础上的新商业模式,离开了这个平台的支持,共享便无法真正实现。当今社会的互联网普及程度和人们对手机、电脑等电子产品拥有率均很高,利用互联网作为共享平台能实现低成本、高效率的资源共享,确保规模经济的最终实现,爆发出巨大的商业价值。

"人人参与"既是共享经济形成的条件又是结果,它有两个含义:一是人人参与供给,二是人人参与消费。共享经济模式下,商品和服务的供应者既可以是企业或非营利性组织,也可以是未经严密组织的分散个体;商品与服务的使用者也不局限于某个具体群体,而是广泛追求任何有消费意愿的消费者。因此共享经济也是规模经济,以往分散的、微不足道的个体通过共享平台聚集到一起就会产生可观的经济和社会效益。

基于此,林峰对自主旅游时代下的全域旅游新共享体系进行了设计,如图6-3所示。

该模式能较好反映蔡斯的共享经济三大基础,并将政府在共享经济模式下的作用体现得十分到位。在自主旅游时代下推进全域旅游发展,如何管理好共享经济并确保其良性运行,需要政府在构建共享体系时要提前做好规划与布局。具体来说,政府需要在以下三个方面提前做好规划:一是资源整合,将全域范围内的产业资源、文化资源、生态资源、特色建筑等个体闲置资源进行有效整合,针对主要客群需

---

[1] 蔡朝林.共享经济的兴起与政府监管创新[J].南方经济,2017(3):99-105.

求确定产品打造的方向,对其进行综合开发;二是共享主体的需求导入,共享是多个群体意志的体现,在规划阶段,需要充分结合各共享主体的能动性,形成针对性产品,从而最大限度地减少无效供给,扩大有效供给;三是加大对基础设施的投入,共享需要便捷完善的基础设施与服务设施的支撑,规划中要充分考虑共享产品的需求,比如在交通规划中,布局共享自行车、电动车的交通网点。

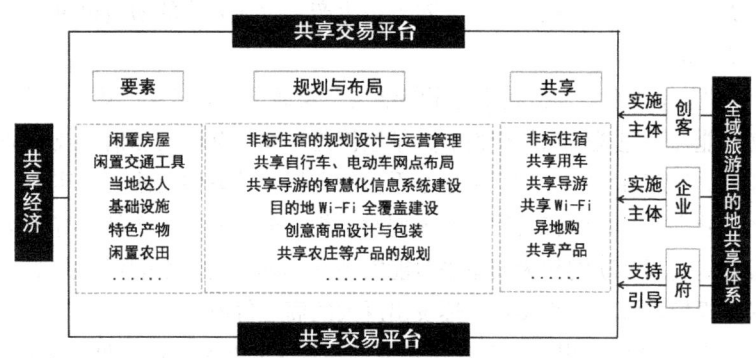

图6-3 自主旅游时代下全域旅游共享目的地创新模式

三、互动体验创新——新智慧体系

智慧旅游是基于新一代信息技术(也称信息通信技术,ICT),为满足游客个性化需求,提供高品质、高满意度服务,而实现旅游资源及社会资源的共享与有效利用的系统化、集约化的管理变革。从内涵来看,智慧旅游的本质是指包括信息通信技术在内的智能技术在旅游业中的应用,是以提升旅游服务、改善旅游体验、创新旅游管理、优化旅游资源利用为目标,增强旅游企业竞争力、提高旅游行业管理水平、扩大行业规模的现代化工程[1]。其中,信息技术及其数据的前期收集管理是智慧旅游的基础,旅游大数据的挖掘是核心,而最终向旅游管理者、旅游盈利集团及游客提供服务是目的[2]。

---

[1] 张凌云,黎巎,刘敏.智慧旅游的基本概念与理论体系[J].旅游学刊,2012,27(5):66-73.
[2] 梁昌勇,马银超,路彩红.大数据挖掘:智慧旅游的核心[J].开发研究,2015(5):134-139.

在自主旅游时代下的全域旅游建设中,林峰提出了建设融合游客需求、目的地需求、企业供给、政府支持的景区一站式旅游体验平台和打造全域旅游目的地新智慧体系两个目标。

(一)一站式旅游体验平台架构

从游客体验的角度出发,林峰构建了基于AI、AR和LBS技术的景区一站式旅游体验平台,如图6-4所示。

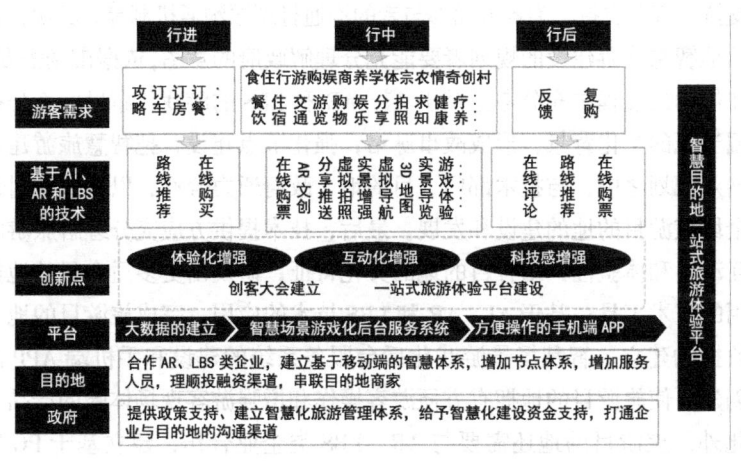

图6-4 智慧目的地一站式旅游体验平台

从图6-4中可以看出,林峰所在的绿维文旅按照游客的行前、行中、行后各环节的不同需求,基于AI、AR和LBS技术给了相应的设计。首先,针对"行前"游客在制作攻略、订房、订车、订餐等方面的需求,可以借助新技术提供在线路线推荐和预订;同时,也可通过虚拟场景的体验来确定是否购买该处景点。其次,针对"行中"的游客诸多需求[①],新技术助力游客随时随地的在线购票、分享推送、虚拟拍照、实景增强、虚拟导航、游戏体验等。最后,针对"行后"游客反馈和复购的需求,可以提供在线评论、线路推荐、在线购票等服务。

这一模式的创新点在于,通过新技术的整合和一站式体验平台

---

① 绿维文旅将旅游活动要素归纳为"食、住、行、游、购、娱、商、养、学、体、宗、农、情、奇、创、村"十六大要素,而非传统的六要素,也非本书前边章节提到的十二要素。

的打造，该模式广泛吸收了来自创客等多方的创新成果，游客无论是行前的虚拟感知还是行中的各类体验感都比以前更强，与供给方和游客彼此间的互动性大幅度提升，整个系统科技感十足。

为了确保一站式平台的体验性，智慧旅游目的地及其政府、规划者、技术提供方要在以下方面做好自己的工作。首先，政府既是全域旅游战略的推动者，也是智慧旅游体系建设的倡导者和支持者，他们要在政策和其他顶层设计方面为智慧体系的构建做好保障，如提供政策支持、资金支持，为各方面参与者的沟通打理顺沟通机制等。其次，目的地智慧旅游建设的规划者要能充分理解政府的意图，依据市场需要，在规划的过程中充分考虑基于 AI、AR 和 LBS 的游戏化布局，充分挖掘当地的文化背景，形成故事脉络，强化节点建设，把智慧旅游建设纳入规划之中，与技术部门、目的地、政府通力合作，以智慧化引领全域旅游目的地的建设和发展。最后，技术提供方应充分理解旅游的互动性和体验性，结合目的地的文化特征，研发出更多适合目的地使用的技术工具；基于 AI、AR 和 LBS 技术的应用，完成旅游目的地大数据的建立、智慧场景游戏化后台服务系统的建设和手机端 APP 的创建，使旅游目的地拥有方便游客操作和增强游客现场体验的产品。此外，旅游目的地还需要与 AR、LBS 类企业合作，建立基于 PC 端和移动端的全域旅游智慧体系；增加节点建设，增加服务人员投入，理顺投融资渠道，串联目的地商家，在全域范围内形成智慧化体系。

（二）智慧旅游体系架构

如图 6-5 所示，林峰将面向游客的一站式服务平台和面向目的地端的监管需求结合，构建了全域旅游智慧旅游体系架构。在这一架构中，一站式旅游体验平台包括了基于移动互联技术和 AR 技术建立的在线票务系统、电子地图系统、内容发布系统、旅游社交平台、导游导览系统、AR 游戏系统、创客管理系统、共享交易平台、GPS 定位系统、AR 导航系统等，是为了一站式满足游客在旅游过程中的全部需求。目的地监管系统包括了基于 GIS、LBS 等技术的对各应用系统如监控、门禁、网络、LED、车辆识别、车辆调度、操作控制、信息发布、信息统计分析、呼叫接警中心等，建立营销推广系统、客流监控系统、大数据挖掘系统、停车管理系统、环境监测系统、安全监控系统、统计分析系统、呼叫调度系统、物联网平台、权限管理系统等,旨在帮助目的地实现全域智慧化管理。为了让上述两个部分的系统能真正运转,覆盖旅游目的地全域的 Wi-Fi 建设和各类全域旅游门户建设是必不可少的。为此,要在客流集中区、环境敏感区、旅游危险设施和地带合理设置视频监控、人流监控、位置监控、环境监测等设施,全面开发强大的数据库中心和基于互联网门户、WAP 门户和手机客户端的智慧系统,最终形成全域旅游新智慧体系。

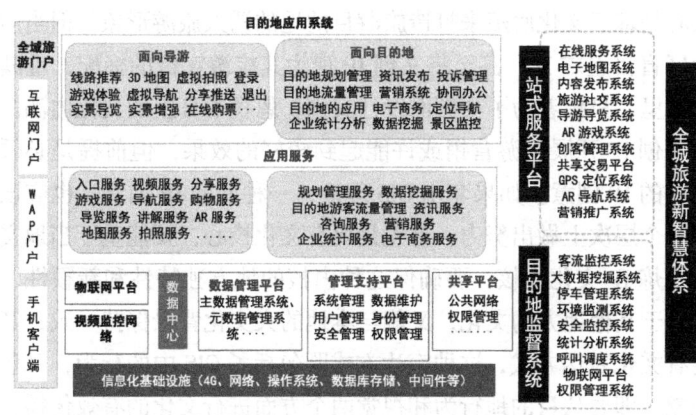

图 6-5　全域旅游新智慧体系

四、营销创新——新营销体系

绿维文旅通过总结分析,认为全域旅游的营销创新将可能在以下八个方面持续突破:文创 IP 营销,"客创"营销,基于技术创新的市场精准营销,VR、AR、LBS 等体验营销,自媒体营销,"网红+直播"式营销,综艺营销,圈层营销[①]。这八个方面的营销已基本全部在实践中有了成功的案例,是对传统旅游营销理论的细化或升级探索,是在新理念导入和新技术支持下的旅游营销实践创新,在未来很长一段时间内或许仍将具有强大的生命力。下文对绿维文旅的观点进行介绍,并做一些必要的补充。

---

① 林峰.自主旅游时代的全域旅游创新思路.http://www.lwcj.com/w/151306332723769.html.

（一）文创 IP 营销

文化 IP 一是"无形财产权"（intangible property）；二是指"信息财产权"（Information Property）；三是指"知识财产权"（intellectual Property），三个"IP"叠加，可称"超级 IP"[①]。文创 IP 是以旅游目的地文化为灵魂，以旅游商品为载体进行的创意性设计，它作为旅游目的地的形象代表，通过展览展示、产品化及销售等一体化推进，可以增加旅游收入，也是目的地形象获得有力推广的重要方式。

如果深究文创 IP 的营销方式，其实是对传统 CIS 理论的升级，其核心是基于文化底蕴来打造旅游目的地的诱人旅游形象。但当前很多地区盲目追求 IP，甚至将文创 IP 视为其旅游宣传的标配，重其表而轻其里，只想着为了文创而设计文创，忽视了真正的文化内涵。因此用文创 IP 开展旅游营销或许能起到较好的效果，但前提是必须有一个好的 IP 创意。如果套用 CIS 理论，一种好的 IP 创意，也应该在以下三个层次上做出努力：首先是要有文化核心，要能基于当地文化意境提炼 IP 文化内核，要确保这种内核的地方独特性和新颖性，既能区别于其他地方的文化，又能与本地的大文化背景保持一致；其次是要有文化表达方式，这种表达方式既包括了 CIS 中的行为，又包括了视觉，即要从目的地行为和视觉两个方面进行文化的有效传播，这又涉及到科学的传播与沟通问题；最后，IP 的目的是盈利，如果只考虑自身而不受市场欢迎的 IP 也是要避免的，因此 IP 既要有趣、也要易于理解，不能只醉心于自己文化的提炼而不顾他人是否能够接受。

（二）"客创"营销

"客创"营销，即通过游客对旅游目的地的旅游创新来激发市场对目的地旅游的关注，从而达到宣传推广的目的。在自主旅游时代，游客的自主选择性更强，这种以游客为中心的创新方式能够更好地激发作为旅游主体的积极性，一方面是这种方式本身的舆论影响力，另一方面是对潜在游客旅游兴趣的激发。主要途径有旅游公约、旅游口号征集活动、最喜欢的旅游目的地投票活动、旅游调查问卷填写等。

---

① https://www.jianshu.com/p/3d40cd885fc9．

这种营销方式尽管与传统的由企业单方面推广相比有根本差异，但它仍可从传统营销中找到相应的理论基础。互动营销是指企业在营销过程中充分利用消费者的意见和建议，用于产品的规划和设计，为企业的市场运作服务。在消费引领生产的时代，企业只有尽可能全面了解消费者对产品的真实需求，才能设计并生产出适销对路的产品；而这就需要企业与消费者能进行充分的沟通。通常这种沟通方式可以是需求调查、偏好分析等，在互联网时代这种沟通无疑方便了很多。"客创"营销是对互动营销精神的进一步发挥，它的目的不仅仅是向消费者征集产品的有关创意和意见，更重要的是希望通过与游客互动活动的举办来赢得游客的高度关注，提升旅游目的地的知名度和美誉度。有时候，即使旅游目的地已经对自己的产品已有了主张，仍可以通过向公众广泛征集意见的方式来开展活动，这种活动既可以依据公众的意见来对已有的主张进行完善，也可以以这种方式来赢得公众的高度关注，并在活动过程中与游客建立良好的沟通渠道和彼此理解的良性关系。它远比一般商业广告的单方面沟通要有效得多。

（三）基于技术创新的市场精准营销

精准营销是在精准定位的基础上，依托现代信息技术手段建立个性化的顾客沟通服务体系，实现企业可度量的低成本扩张之路。实施精准营销的目的大致可归纳为两个方面：一是将信息传递给真正需要的人，二是降低信息的传播成本。这里有几层意思：一是信息传播时要找对人、不需要信息的人不用传递，以节省传播成本、提高传播效率；二是传播对方需要的信息而不是全部信息，否则可能遭致对方的反感；三是以对方可接受的方式传递信息。

随着国民休闲时代的到来，需求方市场在无限扩大；如何从庞大的旅游客源市场中找到与自己产品相匹配的市场需求，做到精准营销将成为未来全域旅游市场营销的必修课题。从目前可依托的技术来看，实现精准营销可通过两种途径实现：一是基于CRM管理，二是基于大数据分析，当然，二者本身也有很多交叉之处。

通过CRM，旅游目的地能对目标顾客进行精准细分，采取相应的措施提高游客的价值、满意度、盈利性和忠诚度，缩减销售周期和降低销售成本，提高销售效率。随着AI时代的到来，CRM与AI的结合成为了营销的又一大趋势。通过CRM+AI，CRM能通过精确分析来自社交网络、各类数据库、搜索引擎的大量数据，洞察客户行为习惯，明晰相关购买历史，进而精准预测其下一步消费趋势；当然，也能主动帮助企业分析了解高价值客户，及时改进营销策略，维护开发客户群体，提高营销效率。

大数据时代的到来，各行各业的营销都受到了其带来的深远影响。对于全域旅游的精准营销而言，旅游目的地可以通过游客手机信号及MAC地址等大数据的分析，精准定位其来源地进而对旅游客源市场进行更加精准的统计；在搜索引擎、社交网络中涵盖着用户的个人信息、产品使用体验、商品浏览记录、个人移动轨迹等海量信息，目的地可以对这些数据进行分析，了解旅游者的消费行为和偏好兴趣，为其提供量身打造的服务；可以通过对竞争市场中的大量数据分析，掌握竞争者的商情和动态，知晓产品在竞争群中所处的市场地位。

（四）VR、AR、LBS等体验营销

体验营销是通过看、听、用、参与等手段，充分刺激和调动消费者的感官、情感、思考、行动、联想等感性因素和理性因素，给消费者创造充分的想象空间，最大限度地提升用户参与和分享的兴趣，更好达到营销目的的新型营销方式。VR、AR、LBS等技术能促成体验营销的有效实现。

前文已多次提及VR、AR、LBS等技术。其中，VR是Virtual Reality的缩写，是虚拟现实技术的意思，它通过计算机生成的模拟环境，让用户在听觉、触觉、力觉、运动甚至嗅觉和味觉等方面能全面感受到实体场景的感知。AR的英文单词是Augmented Reality，中文为增强现实，是一种实时地计算摄影机影像的位置及角度并加上相应图像的技术，将虚拟的信息应用到真实世界，真实的环境和虚拟的物体实时地叠加到了同一个画面或空间同时存在。LBS的英文是Location Based Service，意为基于位置的服务，它是通过电信移动运营商的无线电通讯网络或外部定位方式获取移动终端用户的位置信息在地理信息系统（GIS）平台的支持下，为用户提供相应服务的一

种增值业务。

这些技术应用于全域旅游的营销,能终结传统旅游产品无法提前感知的缺憾,让旅游者在出发前即可通过这些技术来实现对目的地旅游产品和服务的"虚拟现实"感知;而在旅游过程中又能"增强现实",获得远胜于传统旅游的逼真体验,大幅度提升游客的旅游体验感。当然,随着时间的推移,这些技术本身也在不断改进,新的体验技术也会适时产生,未来的全域旅游营销,将是多种技术推动下的全方位体验营销。

(五)自媒体营销

自媒体营销亦称社会化营销,是利用社会化网络,短视频,微博,微信,今日头条,百度、搜狐、凤凰、UC等平台,在线社区,博客,百科,贴吧,媒体开放平台或者其他互联网协作平台媒体来进行营销,是公共关系和客户服务维护开拓的一种方式。又称自媒体营销、社交媒体营销、社交媒体整合营销、大众弱关系营销[1]。

在大众进入移动互联时代后,公众对网络的参与热情大幅度提升。自主旅游时代下的全域旅游推广,目的地可充分利用微信、微博等自媒体手段发布旅游信息、介绍旅游活动、开展旅游危机公关等。在自媒体时代,病毒式营销是可以采取的一个重要手段,并在实践中获得了很好的效果。病毒式营销(Viral Marketing),又称病毒性营销、基因营销或核爆式营销,是利用公众的积极性和人际网络,让营销信息像病毒一样传播和扩散,营销信息被快速复制传向数以万计、数以百万计的观众,它能够像病毒一样深入人脑,快速复制,迅速传播,将信息短时间内传向更多的受众。病毒式营销要能成功,取决于以下几点:一是有公众广泛感兴趣的话题,二是能调动公众主动传播信息的热情,三是采取较好的信息载体,如免费下载的视频或音频文件、发布吸引人的图片和文章、发布免费的电子优惠券、电子贺卡的发放、免费下载的电子软件等。旅游目的地要充分重视自媒体时代的传播特征,选择恰当的传播方式,提升目的地的营销效果。

---

[1] https://baike.so.com/doc/25755677-26889781.html.

(六)"网红+直播"式营销

林峰对"网红+直播"式营销中的网红定义为"网红人物",其"网红+直播"的营销方式是通过邀请网红人物参加旅游目的地的大型活动,并以"直播"的形式广而告之,吸引更多的人参与到目的地的活动中来,提升目的地活动的影响力,进而提高公众对目的地的关注度。除此之外,旅游目的地也可以通过直播平台与游客展开互动,以主播通过直播方式发布产品和服务内容,回答游客咨询,提高服务效率,提升游客对目的地的好感。

对于"网红"营销,更通常的看法是指基于互联网生产内容,通过吸引粉丝群体的关注而进行营销的方式。这里的"网红"不一定仅指人,也可以是动物、植物、建筑物等;在旅游领域,网红景点、网红建筑不胜枚举。"网红"营销能通过事件的营造,在短时间内迅速吸引公众眼球,获得公众对推广物的极强关注。自主旅游时代下的全域旅游推广,也可以充分重视"网红"为目的地带来的巨大效益,积极关注"网红"的打造。但是,"网红"往往具有短暂性,只能在短时间内吸引公众的目光,而难以在较长时间中保持持续的关注热度。在全域旅游推广中,不仅要考虑如何让目的地迅速爆红网络,更要关注如何维持热度。

从根本上来说,无论是网红营销还是直播营销,都有很强的"事件营销"特征。因此,要在自主旅游时代做好全域旅游的推广,要充分理解事件营销的原理,善于借势和造势,通过互联网手段,配合运用公关原理,在将目的地正面美好形象予以传递的同时,要注意规避负面信息的传播。

(七)综艺营销

林峰认为,综艺营销是通过与娱乐媒体的跨界合作,借助娱乐的元素或形式,利用其较高的收视率,将目的地与客户建立感情联系,从而打造培育品牌效果的营销方式,以真人秀节目的形式为主。这种营销方式的重点在于特色产品的包装和后期的品牌延续。

从某种角度来说,这也属于事件营销的方式,只是它比普通事件营销涉及的面更广,花费的精力更多,希望获得的效果更好,主要借助的传播方式除了网络外,还有电视、广播等传统媒体。近些年来,综艺营销确实带热了很多旅游目的地,形成了较为成熟的目的地营销推广模式,可以预见,这种模式在今后的全域旅游推广中仍具有较强的生命力。

除了与娱乐媒体展开综艺合作外,旅游目的地也可以通过投放宣传片、赞助社会公益事件、制作系列报道等方式与电视台等媒体展开多方面合作,实现对旅游目的地的全方位推广。

(八)圈层营销

林峰认为,受到财富、身份和社会地位及兴趣爱好的影响,旅游者形成了很多圈层,旅游目的地可通过举办主题各异的圈层活动,来带动一个个圈子里的活跃人士来购买旅游产品。

从本质上来说,圈层营销有精准营销的影子,有连锁介绍法和病毒式营销的原理,发挥了口碑效应的作用,还结合了当前圈层化的社会特征,是多种传统营销理论在新时代下整合的产物。在自主旅游时代下开展全域旅游的营销,要充分尊重传统营销理论的规律,又要紧密结合时代特征,在新理念、新技术的支持下寻求最合适的营销方式。

五、业态创新——新业态体系

业态一词来源于日本,最先产生于零售领域,指的是零售点向确定的顾客群提供确定商品和服务的形态,是指零售店卖给谁、卖什么和如何卖的具体经营形式。随着旅游业的深度发展和分工细化,旅游学者将商业中的"业态"一词引入旅游业,称之为旅游业态。

业态是指基于不同产业间的组合、企业内部价值链和外部产业链环节的分化、融合、行业跨界整合以及嫁接信息及互联网技术所形成的新型企业、商业乃至产业的组织形态。致使新业态产生的原因通常是信息技术革命、产业升级和消费者需求倒逼三大因素[1]。随着自主旅游时代的到来和全域旅游理念的推广,旅游产业在新技术、新理念的推动下,将与其他产业和要素实现更加深度的融合,必将不断催

---

[1] https://wiki.mbalib.com/wiki/%E6%96%B0%E4%B8%9A%E6%80%81.

生新型业态的产生。旅游新业态既是在旅游产业向更高级形态发展的过程中产生的,又同时是推动旅游产业升级换代的重要力量。

绿维文旅将旅游新业态出现的推动因素归为全域产业发展的创新、新技术整合的创新、基于时间的创新、基于空间的创新、基于制度及管理的创新5个方面,对于产业发展实践有着重要的指导意义。本书借鉴智库·百科中关于新业态词条的解释,将自主旅游时代下全域旅游战略推进中的旅游产业新业态形成机理归纳为需求推动、技术支撑、生产经营方式创新、管理变革、价值链分解、制度创新6个方面。

(一) 基于需求推动的旅游业态创新

需求方因素变化始终是推动供给方经营方式转变的重要因素。随着国民休闲时代的到来,我国旅游需求呈爆发式增长状态,不仅需求量出现大幅攀升,需求类型也呈现出多元化状态;人们不再热衷于走马观花式的低质量观光游览,更追求个性十足的深度体验休闲,购物、文化、研学、猎奇、探险等许多新型旅游需求不断涌现。随着需求内容和质量的变化,旅游供给方也改变了传统的单一旅游产品供给状态,跟随需求产生了购物旅游、文化旅游、研学旅游、探险旅游、科技旅游、生态旅游等新兴业态。随着旅游消费的进一步升级,势必促使旅游产业进一步升级转型,产生更多符合市场需要的旅游业态。

(二) 基于技术支撑的旅游业态创新

前文已多次提及技术变化对旅游业产生的影响,技术领域出现的新动态是催生旅游新业态的重要力量。当代社会各领域旧技术不断升级换代,新技术层出不穷,互联网、5G、大数据等信息技术对旅游业的发展产生了深远影响,"互联网+旅游"促成了OTA等多种在线旅游新业态的产生,智慧景区、智能酒店、无人购物等新业态给旅游者提供了全新的便捷体验和新奇体验。VR/AR技术的应用,使得旅游打破了空间和时间的限制,通过内容展现形式、游客体验方式和目的地营销方式等方面优化了传统旅游,产生了VR酒店预订、AR旅游目的地、VR主题公园、VR旅游演艺等新形态。

(三) 基于生产经营方式创新的旅游新业态

当今世界经济的全球化和先进科学技术的应用给企业的生产经

营带来了全新的变化。一方面，经济全球化促进了大型跨国旅游集团的迅速发展，特许经营、合同管理、战略联盟等经营方式获得了快速扩张，多元化经营、专营化经营等两极化发展在旅游业中极为普遍，许多大型企业集团与旅游集团展开了跨产业融合，以"旅游+"或"+旅游"的方式打破了原先各自为战的状态，为新业态创新打下了坚实基础。另一方面，先进科学技术也改变了旅游业传统经营方式，促使旅游业通过产品转型、产业规模升级及主题产业聚集，实现旅游产业本身的升级发展，从而催生大量新业态。

随着经营观念的转变，旅游企业一改过去的"8小时经营"范式，不断延长营业时间，推出夜间旅游项目，发展"四季全时"经营模式，更好地满足了游客全时体验需求。全域旅游理念的提出，"全地域"全空间旅游也日益深入人心，景点景区的概念被弱化，基于空间整合的旅游新业态正在不断崛起。

（四）基于管理变革的旅游新业态

管理变革既受到组织内外环境变化的影响，又同时会改变组织原有的生产运作方式，有利于新业态的形成。组织结构调整是管理变革的重要表现形式，它往往意味着企业业务流程再造，这又形成了组织过程创新和组织体系创新的核心内容，这些核心内容的变化往往会在企业外在形态上表现出来，这对旅游产业来说往往意味着新业态的产生。同时，管理领域的其他创新能更加有效利用企业的内部资源，使企业内部运转更有效率，为旅游新业态的形成提供必要保障。

（五）基于价值链分解的旅游新业态

传统经济条件下，企业的经营涵盖完整的价值链，其中直线系统的价值链包括研发设计、采购、生产制造、销售、售后服务等环节，支持系统的价值链包括人力资源管理、财务管理、法律事务等环节。而随着新经济条件的发展，专业化的分工越来越细，最终导致企业内部的价值链环节分解、独立出来，逐渐发展形成了新的业态[1]。在这样的背景下，一些专门为大型企业提供商务、会展、奖励旅游等独立

---

[1] https://baike.so.com/doc/7553028-7827121.html.

服务的旅游企业出现，旅游产业内部也出现了一些诸如在线旅游服务代理商、中央预订系统提供商、旅游分销系统提供商、旅游商务情报提供商等供应商和中间商，大大丰富了旅游业态体系。

（六）基于制度创新的旅游新业态

制度创新虽然不能直接产生业态创新，但却是推动业态创新的重要因素，业态创新必须依赖于宽松、完善、规范、包容的有利于自由潜力发挥、展现自身活力的环境与制度。制度创新包括产权制度创新、管理体制创新和运行体制创新三方面[1]。这既取决于政府出台系列扶持政策，除了给予资金扶持外，还应该在不同部门、不同行业之间的协作方面，以及市场消费数据的获取上给予支持；同时也取决于企业内部对制度创新的高度重视和积极探索。

---

[1] 张文建.旅游产业转型：业态创新机理与拓展领域[J].上海管理科学，2011，33（1）:85-88.

第七章 全域旅游下的跨区协作和环保事项

全域旅游是将旅游目的地作为一个整体区域来进行打造的区域社会经济发展模式,目前的全域旅游推进仍主要以行政区域为界。但随着全域旅游战略的推进,一些地区的旅游发展将突破行政界限,在更加广阔的区域内寻求拓展;或者由高一行政级别的政府出面来统筹协调各个地区的发展。无论是哪一种形式,跨区协作都是必经途径。同时,在生态问题被全世界各国日益重视的今天,全域旅游的发展必然涉及到节能减排、绿色发展等环保事项。因此,本章将对全域旅游开展中的区域协作问题和环保事项进行阐述。

第一节 全域旅游跨区协作

全域旅游战略推进中的区域协作,既包括了目的地区域内部各地联动,也包括了跨越行政界限的跨区旅游协作。在全域旅游战略推进初期,主要体现的是目的地区域内部联动问题,这在前边章节中已有详细论述;在全域旅游战略推进中后期,随着目的地区域内部建设的不断完善,"全域"的范围将不断扩大,跨区协作便成为必然。本节的"跨区协作",是指跨越行政区。

一、全域旅游跨区协作的必然性

(一)跨区协作是旅游业空间扩张和区域竞争的必然

旅游业空间扩张是指某一区域旅游业各组成要素在其区域内成长扩展以至跨越本区域(各种类型的功能区)的边界范围向区域以外更大范围的流动、伸张过程,是由旅游现象的本质属性和旅游业的综合性、整合性、外向性特点决定的必然现象[1]。在全域旅游发展过程中,目的地行政区域内大量旅资源被开发、旅游设施规模增加,旅游产业规模不断扩大,最终会突破行政界限的边界,向区域外扩张。

---

[1] 秦学.旅游业跨区域联合发展的理论与实证研究——机理、模式与协调机制[D].上海:华东师范大学,2004.

同时，随着全域旅游的推进，旅游客源市场规模不断扩大，旅游地形象和知名度不断攀升，旅游业本身能吸引力大幅增强，区外投资大量涌入，目的地旅游业本身也有对外扩张的强烈需要。

旅游市场一直是高度竞争的市场，全域旅游的发展能实现行政区域内"全区一盘棋"，但并不能消除不同行政区之间的不良竞争；同时，在全域旅游向区外扩展的过程中，会在客源市场、资本、人才、地区发展机会等方面同与之相关的地区产生不同程度的竞争，从而使自身及其他区域旅游产业及各相关产业的原有系统结构发生一定的改变和紊乱，区际利益关系急需调整和重新构建，全域旅游发展中的跨区协作是重建秩序的重要手段。

（二）跨区协作是全域旅游升级发展的必然

全域旅游是新时代目的社会经济综合发展的地区发展模式，这个模式所体现的发展内容并非一成不变。随着全域旅游战略的推进，全域旅游本身也会经历升级换代。这种升级换代可以分为两种：一种是在"质"方面的改进，包括与其他产业的融合、与新技术的融合，吸纳新的发展理念等；另一种是在"量"方面的扩张，表现为突破原有行政区域的限制，从县域升级为市域，由市域升级为省域。

当然，"量"的扩张并非没有"质"的提升，跨区协作能为参与其中的相关各方都带来利益，例如，可以实现不同行政区域内的旅游资源互补、共享市场，能有效减少甚至消除区域壁垒、促进各行政区间的分工协作，能在更广地域内配置资源、提高利用效率，能减少区域冲突、开展广泛合作等；对于一些本身就跨行政区的优秀旅游资源开发，跨区协作尤其意义重大。从微观层面来看，各个市场主体也能从跨区协作中获得好处，如理顺不同行政区内旅游企业的利益关系、由竞争转向合作，展开共同研究和联合营销、实现规模化发展，相互学习先进经验和管理、提升企业竞争力等。

二、全域旅游跨区协作的内容

全域旅游跨区协作既是旅游业扩张的必然要求，又是全域旅游发展进入高级形态的需要。在跨区协作中各方要坚持共同发展的原则，加强各个要素的合理分配,加快旅游产品的开发,充分交流旅游信息,实现信息共享,促进全域旅游向更高级阶段发展。根据不同的发展实际,全域旅游的跨区协作内容也有差异。总体来讲,跨区协作可围绕如下内容展开。

(一) 旅游资源整合

当全域旅游在一个行政区内部开展时,其资源的开发情况可能和另一个行政区的资源开发未作协同考虑,因而形成了彼此竞争或难以互补的旅游产品和项目。在跨区旅游协作中,首先要对不同行政区内的旅游资源及其开发利用情况进行整合协调,在跨区范围内形成相似或互补的开发格局。旅游资源的整合是一个系统工程,既需要对不同行政区内的旅游资源进行重新分析和评估,又要关注旅游资源整合的方式和路径,不能为了新的合作而否定先前的资源开发利用方式,而是对原先旅游资源开发的合理继承。

(二) 旅游信息共享

旅游信息是全域旅游发展不可或缺的重要因素,跨区协作应建立多地共享的旅游信息机制。要建立多地共享的旅游信息库,实施旅游信息互通,建设跨区旅游信息咨询平台,实现各地官方旅游网站的相互连接,开展区域旅游咨询服务中心联盟建设,建立多地公用的资源共享、信息兼容的多载体、多语种、全天候的游客咨询服务系统,建立假日旅游预报制度和旅游警示信息发布制度,实现旅游信息跨区互通。

(三) 旅游设施共建

跨区旅游协作要打破原先的地方保护壁垒,在旅游基础设施和服务设施的打造方面协同合作,共建共享。基础设施方面,首先要实现跨区旅游交通方式的有效连接,从构建跨区旅游交通体系和开放异地旅游车辆限制两个方面着手,建立起跨区无障碍快速便捷的旅游交通体系;其次要注意各种基础设施的必要联通和协作,提高能源利用效率、节省成本。在服务设施的建设方面,要在设施的分布网点、建设风格、使用方式等方面实现协同,如可跨区免费查询旅游信息、跨区使用公交卡等。

（四）旅游营销共推

在旅游市场协作方面，跨区旅游协作首先要实现客源市场共享。在全域旅游发展中，游客和本地居民都是旅游市场的组成部分；在跨区协作中，不同行政区可破除因户籍带来的一些区内外区别政策，实现居民在跨区休闲中的同等对待。跨区旅游市场协作的另一个重要内容，就是要实现营销共推，即共同构建旅游营销网络，加强彼此的宣传力度、树立良好的社会形象，联手向海内外开展宣传促销。相互支持各自举办的旅游促销活动和大型旅游节事活动，共同制作统一的旅游宣传品，共同策划和推广跨区精品旅游线路、打造跨越行政区的旅游整体品牌。

（五）旅游标准共拟

全域旅游下实现了目的地内部的共同旅游标准，在跨区旅游协作中要根据新情况和全域旅游的升级需要，进一步强化在公共服务、接待服务等方面的标准制定，完善旅游接待服务标准体系。

（六）旅游秩序共治

旅游市场治理一直是旅游业发展中的重要问题，维护良好的旅游市场秩序是确保旅游业高质量发展的前提。在跨区旅游协作中，要充分发挥各行政区旅游行业监管的作用，共同营造规范经营的旅游环境，拓展旅游行业合作监管领域，建立区域内旅游质监部门联系制度，共同协调和管理好区域内的旅游市场，加大对旅游质量投诉的联合处置力度，定期交流旅游业管理和市场监察的经验，联手整治市场秩序，联合打击不正当竞争行为和侵害消费者权益的行为，建立跨区旅游诚信体系。

（七）旅游人才共育

全域旅游的发展离不开人才的贡献。人才一方面可通过科学研究为全域旅游的升级提供智力支持,另一方面也能亲身投入行业实践、推动行业不断发展。跨区旅游协作应重视旅游人才的培育，既要在旅游教育方面建立学历教育、技能培训、在职教育等多种教育渠道，为旅游人才的培育提供条件；又要在旅游人才的引进和使用上创新机制、形成对外来人才的吸引力;还要打破行政区之间的人才流动壁垒、促使人才资源在不同行政区间的合理配置。

三、全域旅游跨区协作策略

跨区协作是目的地全域旅游战略发展的高级阶段,它打破了行政区域的限制,实现了旅游资源的跨区整合和旅游信息、市场资源共享,是下级行政区全域旅游战略向上级行政区全域旅游战略升级的重要途径。为了做好这一工作,相关各行政区可在如下一些方面做出努力,当然也可由上级政府部门来统一协调下属各个行政区域、在上级行政区范围内推行全域旅游战略。

(一)各政府联动,建立跨区旅游协作领导机构

为了实现跨区旅游协作或推动全域旅游向更高级形态升级,各行政区政府首先要确立"互融共赢"的合作理念,抛弃狭隘的地方保护及恶性竞争。在行动上,要打破旅游产业及相关产业的行政区划界限,建立跨区旅游协作领导机构,负责各行政区的跨区旅游协作工作的具体开展。跨区旅游协作领导机构应是常设机构,要指定专门人员负责跨区联系,展开日常工作,加强区域旅游管理经验交流,进行区域人力、物力、财力等各种资源和要素的合理配置;发挥旅游监督评价作用,维持区域旅游市场秩序;加强区域旅游信息管理,实现区域市场信息和品牌共享,提升区域旅游整体竞争力等。跨区旅游协作领导机构包揽了跨区旅游规划和日常运营管理等具体事务,是负责协调各方主体的直接部门。

(二)建立多层次、多形式的旅游协调协作机制

可建立由各政府行政首脑联席会议、各地旅游行政主管部门协调、各地旅游行业部门衔接及各地旅游行业组织协作的多层次协作体系,充分发挥政府、旅游行政主管部门、旅游企业、旅游行业组织等多个层次主体的协调作用。可通过定期或不定期地展开旅游经验交流会、相互通报旅游市场最新动态、多地相关部门联合办公、多地联合展开市场调查和科学研究等多种形式,促进跨区旅游协调协作真正落到实处。

(三)建立旅游发展利益分享机制

全域旅游发展的核心特征之一,是全民共建共享;旅游发展带来的利益只有得到所有参与者的共享,才能调动最广泛的力量参与建设。由于合作各方存在追求利益最大化的现实,跨区旅游协作也必须建立在对旅游发展利益的共同分享上。利益分享机制是各个合作的成员区域能够积极整合旅游资源,建立旅游业协作发展的机制,进而实现整个区域内的旅游资源的共享以及旅游业收益的合理、公平分配[①]。该机制应强调各合作成员在平等、互利、协作的基础上既竞争又合作,并在此基础上实现各合作成员共同分享区域旅游利益。

(四)建立跨区旅游协作规则、制度和标准

为确保跨区旅游能实现"一盘棋"式的协同发展,各行政区应建立跨区旅游协作规则,对如下内容做出规定:整个合作区域内旅游经济布局原则和区域旅游产业发展准则;消除市场准入壁垒,保护公平竞争;统一开发利用区域内旅游资源,促进旅游基础设施建设协同开展;建立统一的市场治理和环境保护机制;建立政府间协调与管理制度,共同建立统一的制度架构和实施细则;共同构建在人才流动、技术开发、信息共享等方面的规则,营造无特别差异的政策环境;建立共同的行业服务标准和考核标准等。

(五)建立共同市场信息分享和预警平台

旅游信息是旅游产业发展必不可少的润滑剂,跨区旅游协作一定要重视信息一体化基础的打造。各行政区政府要在已有信息技术的基础上,努力构建畅通的跨区旅游信息共享平台,实现区域内各旅游网站的相互链接和信息互动,共享旅游信息资源。要通过信息平台或其他渠道促进整个区域内旅行社、饭店和景区管理及培训方面的交流与合作,建立跨区旅游质量管理、旅游投诉和应急事件处理热线电话,提供统一的天气、特殊事件预报渠道,建立重大事件通报制度等,通过平台的运行实现旅游要素的合理分配。

(六)打造跨区旅游整体形象,树立共同品牌

旅游整体产品形象是地区旅游发展一直十分重视的问题,在全

---

① 李郁. 长三角区域旅游协作发展研究[D]. 苏州:苏州大学,2016.

域旅游发展中,打造统一的旅游目的地形象对区域旅游发展十分关键。当全域旅游的发展突破了行政区域限制,开展跨区合作时,需要对参与各区的原有旅游形象进行整合,重新塑造符合整个旅游区特色和各区共同利益的旅游整体形象,打造共同的旅游品牌。当然,这不是说就要完全消除各区既有的旅游特色和原有优势,而是需要各区充分利用已有优势、找出大家的共同点,或在原有的基础上朝着共同的目标升级品牌形象,以在更广范围内产生良好的品牌效应。

具体操作中,要整合既有旅游产品资源,丰富跨区旅游产品体系;建立统一服务标准;根据各区旅游发展实际,多渠道加强城市互动、促进市场联动,通过广告、旅游交易会等多渠道展开联合促销,积极推广跨区旅游整体形象。同时,要打造旅游产业良好的投资环境,积极拓展旅游融资渠道,以投融资保证旅游业良好品牌形象的可持续、又同时以良好品牌形象吸引更多的旅游投资,达到二者的良性互动。

(七)建立多层次、多方式的旅游人才队伍建设机制

人才是旅游业发展的保障。在跨区旅游发展中,参与各区要充分重视人才队伍的建设,建立多层次、多方式的人才队伍培育机制。各区可定期召开联席会议,研究和解决各区在旅游教育培训工作中具有普遍性的问题,为旅游从业人员教育培训工作提供便利,共谋旅游人才队伍建设的协调发展。要结合已经建立的跨区协调制度,逐步形成职业培训的统一标准和内容,协同开展各级各类旅游业务培训工作。在条件允许的情况下,可各区联合开展各类旅游业务技能的竞赛活动,以赛促训。要整合各区旅游教育科研资源,促进跨区教育科研水平协同进步。构筑共同的旅游人才信息库,实现旅游人才跨区共享,为各区旅游专业人才的合理流动创造条件。

(八)建立更高层次的"全域"观念,切实推动跨区旅游合作

跨区旅游合作可视为以行政区为界的全域旅游的升级版,为了更好开展合作,可将行政区内的全域旅游发展理念和路径拓展至更高层次,将参与合作的各区视为整体目的地,以全域旅游的发展思路促进各区的合理联动和多产业融合。

第二节　全域旅游环保事项

全域旅游是可持续的区域社会经济发展模式，不应以牺牲环境为代价换取旅游产业的发展。事实上，我国从改革开放以来发展旅游，就一直十分重视旅游经济效益、社会效益和环境效益的平衡，始终追求的是综合效益。在全域旅游战略推进的过程中，更要加强对环保问题的重视，从一个景点的建设、到一条线路的打造、再到整个区域的协调发展，全过程将节能减排、环境保护的问题贯穿始终。

一、生态文明背景下的全域旅游环保理念

生态文明是指人类遵循人、自然、社会和谐发展这一客观规律而取得的物质与精神成果的总和；是人与自然、人与人、人与社会和谐共生、良性循环、全面发展、持续繁荣为基本宗旨的文化伦理形态[1]。早在20世纪90年代中期，中国政府就开始提及生态文明的概念。1999年，时任国务院副总理的温家宝更曾明确表示，"21世纪将是一个生态文明的世纪"。2007年党的十七大报告中指出："建设生态文明，基本形成节约能源资源和保护生态环境的产业结构、增长方式、消费模式。"2012年党的十八大从新的历史起点出发，做出"大力推进生态文明建设"的战略决策，从十个方面描绘出中国生态文明建设的宏伟蓝图。党的十八大报告不仅在第一、第二、第三部分分别论述了生态文明建设的重大成就、重要地位、重要目标，而且在第八部分用整整一部分的宏大篇幅，全面深刻论述了生态文明建设的各方面内容，从而完整描绘了今后相当长一个时期我国生态文明建设的宏伟蓝图[2]。2015年5月5日，《中共中央国务院关于加快推进生态文明建设的意见》发布。2015年10月，随着十八届五中全会的召开，增强生态文明建设首度被写入国家五年规划。2018年3月11日，第十三届全国人民代表大会第一次会议通过的宪法修正案，生态文明建设被写入我国宪法。

---

[1] https://baike.so.com/doc/396918-420213.html.
[2] https://baike.so.com/doc/5450038-5688407.html.

在生态文明建设深入人心、全国生态文明建设工作如火如荼推进的背景下开展全域旅游建设,需要将生态环保问题列入建设的重要内容,将旅游环保理念贯彻到全域旅游建设工作的每一个环节中。在全域旅游建设中贯彻环保理念,要认真践行党的"生态文明"建设思想,尤其是深刻领会习近平关于生态文明建设的主要观点和思想体系。李祖尔将之归纳为12个方面,可供全域旅游战略推广中的环保建设指导[①]。

"人与自然和谐共生"为主要话语的科学自然观。

"生态兴则文明兴"为主要话语的深邃历史观。

"人与自然、山水林田湖草是生命共同体"为主要话语的生态整体观。

"绿水青山就是金山银山"为主要话语的绿色发展观。

"划定并严守生态保护红线"为主要话语的生态底线观。

"良好生态环境是最普惠的民生福祉"为主要话语的生态民生观。

"保护生态环境就是保护生产力"为主要话语的生态生产力观。

"环境治理是一个系统工程"为主要话语的生态系统工程观。

"生态环境既是重大政治问题也是重大社会问题"为主要话语的生态忧患观。

"实行最严格的生态环境保护制度"为主要话语的生态法治观。

"引导人民共同建设美丽中国"为主要话语的全民行动观。

"共谋全球生态文明建设之路"为主要话语的全球生态观。

二、全域旅游发展的环保措施

在全域旅游战略推进中贯彻环保理念,既要深刻领会党中央关于生态文明建设的各项要求,也要有具体的建设措施。由于各地的生态承载力有区别、各地所面临的环保问题也不一样,因此在具体战略推进中可以采取的措施也有差别。通常来讲,可从以下方面考虑。

---

① 李祖儿.习近平生态文明思想的主要内容[J].汉江师范学院学报,2019,39(3):6-10.

（一）强化政府角色，重视环保领导工作

全域旅游的发展不仅仅是某一个部门的事情，生态文明建设也是。在全域旅游战略推进中做好环保建设工作，首先要重视政府的领导角色。在深刻领会了全域旅游建设的环保理念后，政府要出面构建全域范围内的环保工作领导体制，单独成立或在全域旅游领导协调机构下成立环保领导小组，统一协调和推进全域范围内的旅游环保工作。政府要明确下属各部门在全域旅游建设中的职责和分工，要赋予环保领导小组足够的权限，建立其与环保部门、商务部门等各相关部门之间的工作协调机制。政府要完善生态管理制度，从立法、出台规章制度等方面对区域内环保工作予以法律和制度保障。要明确参与各方在环保方面的责任，合理分配环保任务和目标，建立高效合理的环保评价机制；建立环保信息公开制度，广泛听取民众对环保问题的意见和建议。

（二）提倡环保创新，完善环保管理机制

在全域旅游建设中推进环保工作，要重视机制创新，在资金、科技、管理等方面确保环保工作能真正落到实处。首先，要重视环保法律规章的完善，加强执法力度，打击环保方面的违法行为；引进或创新先进的环保监测机制，强化项目建设中的环保审批和监督，控制区域"生态底线"。其次，重视环保资金保障，创新财政税收政策，多渠道多模式保障环保建设中的资金需求。再次，充分发挥市场作用，调整产业政策，要优先鼓励绿色产业与旅游产业的融合、限制高能耗重污染产业发展；推行全域绿色产品认证制度，建立排污交易机制；提供市场配套措施，引导低碳产业集聚。第四，探索建立符合地方实际的生态补偿机制，奖励奖罚制度，强化补偿资金管理，重视地区生态维护。第五，重视环保科学研究和对环保新技术的引入，加大环保建设中的科技含量；完善环保服务机制，依靠全民推进环保工作。最后，大力推进节能减排工作，在公共机构和公共照明的设备中优先采用符合环保要求的设备，设立能耗定额制度等。

（三）加速产业升级，助推低碳循环发展

全域旅游建设需要带动区域内相关产业共同发展，这个过程不

是简单的"旅游+产业",而是建立在旅游与相关产业的有机整合上。旅游目的地要根据自身实际,做好产业协同发展规划,在区域内各产业中探索低碳运行方式,建立绿色循环经济模式。要依托本地的农业资源、森林绿地资源等,优先开发农产品、林产品等绿色旅游商品;改变传统单一的农业、渔业生产模式,建立高循环的现代立体生态农业。要重视其他产业中低碳理念的贯彻,在全域探索资源回收再利用的方式和渠道;推进废弃物资源回收利用产业系统建设,拓展行业内部及行业间的"产品代谢链"和"废物代谢链",推动产业循环化改造,提高固体废物资源利用率,降低主要污染物排放量,打造全域低碳再循环系统。

(四)加强宣传教育,倡导绿色生产消费

全域旅游重视全民共建,全域旅游建设的环保工作也需要全民共同参与。为此,要在全域范围内加强环保宣传教育,既要让全民有足够的生态意识,也要有践行生态意识的能力。可通过学校教育、官媒宣传、调动社会力量宣传等多种渠道,在全域范围内营造环保氛围。通过举办主题活动、建设环保示范点、完善环保设施等多种方式,在全域范围内开展群众性环保性教育;要广开言路,接受公众对区域环保问题的意见和建议,形成良好的环保舆论和社会氛围。在全域推行低碳生产、绿色消费等环保生产消费理念,在企事业单位中推广节能设备设施、重视排污治理,在家庭消费中提倡节约习惯,社会中广泛建设低碳设施,推行绿色出行。

(五)重视人才培育,科学规划开发产品

全域旅游的环保不仅是一个理念,更重要的是能在实践中执行这个理念;这就需要有大量具备环保意识且具备贯彻环保理念的人才。全域旅游的发展中既需要培养全域环保管理人才,也要培养能在企业开展环保建设工作的人才;既要有能在全域发展中进行统筹规划的人才,也要有能在项目建成后经营管理中具体落实的人才。因此,旅游目的地要与境内外各级学校紧密合作,加强重点人才的培育,建立多层次人才培育体系。有了人才后,在全域旅游的规划、目的地营

销、产业整合和升级、产品和服务开发等方面,都要切实贯彻生态环保理念,确保全域旅游的发展符合生态文明建设的总体要求,实现地区的可持续发展。

三、全域旅游建设中的节能减排

节能减排是全域旅游环保建设中的重要内容,也是全域旅游各参与主体能真正落实环保理念的具体手段。从能源消耗的主体来看,全域旅游发展中的节能减排工作应从需求方旅游者和供给方旅游企业两个方面来展开。

旅游者的能源消耗主要是在消费旅游产品或享受旅游服务的过程中完成的,例如在旅游交通工具使用中的能源消耗、餐饮住宿中的能源消耗等。要在旅游者方面节能减排,一方面应加强宣传教育,促成旅游者养成低碳消费习惯,使他们在旅游消费中能自愿节约能源;另一方面也可提供限制选择的旅游产品和服务,迫使旅游者在消费中只能选择低能耗的消费方式。例如,不允许汽油车辆进入景区,只提供步道或自行车通行方式等。

旅游企业及相关服务提供者的能耗主要是产品和服务生产及提供时的能源消耗,如旅游大巴的汽油消耗、客房用水消耗等。旅游企业及相关服务提供者要实现节能减排,一方面应加强管理,通过业务环节的科学设计、节能减排责任制的落实、严格控制成本消耗等方面降低企业能耗水平、减少污染排放;另一方面要重视对节能减排设施设备和新技术的引入,依靠科技手段降低企业能耗和减少污染排放。

2010年6月,国家旅游局印发了《关于进一步推进旅游行业节能减排工作的指导意见》的通知,对旅游行业的节能减排工作进行了总体部署;同时,还专门对旅游饭店和A级景区的节能减排问题进行了详细规定。在这里将该意见的两个附件予以借用,全域旅游建设实践中的各类参与主体在节能减排时可以参考。

(一)旅游行业节能减排指南之一:《饭店节能减排》100条

【减少能源浪费】

1. 建立详细的室内温度标准

2. 建立能源使用的巡视检查制度
3. 建立详细的室内照度标准和点灭要求
4. 减少办公设备的待机时间
5. 改进日常操作中浪费能源的操作习惯
6. 改变饭店员工传统的着装方式
7. 改变餐厅菜肴展示方式
8. 建立正确的设备操作规范
9. 减少电梯的使用

【减少水资源使用】
10. 使用节水龙头
11. 安装并使用中水系统
12. 使用节水型坐便器
13. 改变员工浴室用水管理方式
14. 供水管网定期检测漏损
15. 建立雨水收集系统
16. 供水管网进行水质处理
17. 减少棉织品洗涤量
18. 循环使用游泳池、水景池的水
19. 改变饮用水提供方式
20. 中央空调系统冷却水系统安装收水器，控制漂水

【能源计量】
21. 建立电力计量系统
22. 大型耗能设备独立计量
23. 主要用水单位独立计量
24. 能源的储存独立计量
25. 能源计量表的校准
26. 进行用能的平衡测试
27. 收集能源使用的相关信息
28. 建立能源使用数据库

【节能管理与操作】
29. 电力系统进行功率因素补偿

30. 加强用电设备的维修工作
31. 有效管理照明灯具
32. 饭店中央空调系统与运行负荷匹配
33. 饭店中央空调水系统水泵采用变频器节电技术
34. 控制制冷机冷冻水、冷却水出水、回水温度
35. 饭店蒸汽管网节能改造
36. 及时关闭停运的蒸汽管路
37. 实施新风系统管理
38. 控制生活热水的水温
39. 热力管网维护
40. 清洗空调盘管
41. 计划调度电力使用
42. 定期清洗管线
43. 及时关闭停运的空调水系统
44. 提高锅炉运行效率
45. 设置清晰的用能状态标志

【建筑节能】

46. 采用墙体保温技术
47. 改善饭店建筑外的热环境
48. 积极采用自然通风的设计
49. 饭店的屋顶应注意隔热处理
50. 饭店的外窗设置有效的遮阳系统
51. 尽量减少饭店建筑的窗墙比可以节约空调能耗
52. 提高建筑门窗的气密性
53. 控制饭店外窗的开启面积
54. 控制饭店建筑的体型系数
55. 饭店入口的节能改造
56. 避免内部大空间的设计
57. 饭店采用热泵技术
58. 饭店中央空调系统宜采用二管制系统
59. 功能区域宜相对集中布置

60. 通过有效通风改善厨房内环境
61. 合理设置动力机房
62. 功能区合理设置辅助用房
63. 逐步取消饭店自设的洗衣房
64. 饭店尽量利用废热、余热资源
65. 饭店建筑积极利用可再生能源
66. 饭店积极采用热水锅炉
67. 系统末端低负荷设备的分离
68. 饭店制冷机组应采用性能系数（COP）高的机组
69. 饭店的采暖积极采用地暖系统
70. 选择合适的中央空调末端设备
71. 锅炉烟气余热适当回收利用
72. 冷凝水应回收利用
73. 饭店积极采用节能型光源
74. 饭店对照明系统采用智能节电技术
75. 积极采用电梯节能技术
76. 采用楼宇自动控制系统（BAS）
77. 变压器合理负载
78. 空调末端装置合理分区
79. 水泵采用变频技术
80. 客房区域集中提供服务设施
81. 采用冷热电联产系统
82. 采用变风量空调系统
83. 采用中央空调动态控制系统
84. 安装热水循环泵
85. 积极采用天然冷、热源
86. 客房设置总用电开关

【设备选型与管理】

87. 建立饭店能源管理领导小组
88. 设立能源工程师
89. 开展合同能源管理

90. 选择节能环保设备

91. 加强饭店设备的维护保养

92. 及时维修、更换故障设备

93. 建立设备操作规范

94. 正确使用、操作设备

95. 建立能源管理目标与实施方案

【节能宣传和培训】

96. 积极对客宣传

97. 开展节能营销工作

98. 开展供应商宣传工作

99. 制订节能培训计划

100. 开展节能培训和奖励

(二)旅游行业节能减排指南之二:《A级景区节能减排》30条

【环境保护】

1. 定期检测噪声、地表水、空气质量,应达到国家相应标准

2. 鼓励采用太阳能、风能等清洁能源进行室外照明及发电

3. 景区的旅游纪念品减少过度包装和一次性用品的使用

4. 景区内禁止销售使用不可降解塑料袋,用纸袋和无纺布袋代替并循环使用

5. 鼓励采用生态化厕所、免冲水厕所

【资源保护】

6. 制定景区整体绿化、美化规划并分步实施

7. 对景区的所有植物建档,对名贵珍稀树种挂牌保护,对国家各类珍稀、濒危动物实行有效保护

8. 采取有效保护措施,全面保持文物古迹的真实性和完整性

9. 对景观、文物、古建筑、生态系统、珍稀名贵动植物的保护费用投入需达景区全年收入一定比例

10. 景区标志标牌、防护栏、游客休息椅等设施应采用与景观相协调的生态材料

【废弃物处理】

11．提高电子门票使用比例，减少纸质门票

12．垃圾日产日清，流动清扫，及时清运和统一处理

13．对垃圾按照"可回收垃圾、不可回收垃圾、有害垃圾"进行分类回收、分类管理

14．垃圾处理场及垃圾集中场地应远离景区

15．加快核心景区和服务区的污水处理设施建设

【节能管理】

16．鼓励景区新建设施设备使用节能和环保材料，对能耗大的原有设施进行改造

17．通信、线路穿管入地，减少电缆长度，降低线路损耗

18．对部分耗能景观设备、设施（如水泵、背景音乐系统、路灯等）运行实行动态管理

19．鼓励推广使用喷灌、滴灌方式进行植物灌溉，制定合理的灌溉时间和次数

20．建立用水循环体系，实现景观用水、植株养护用水、旅游厕所及环境保洁用水的循环

【低碳旅游】

21．倡导低碳旅游、绿色旅游方式。通过示范引导、悬挂标语、发放宣传资料等方式，提高游客节能减排的环境意识和责任感

22．建设休闲绿道、健康游步道，提倡游客步行游览

23．倡导游客自带垃圾袋，自觉回收旅游活动产生垃圾的新观念

24．开辟游客参与型的植树造林场所

25．采用低噪、低排放量的区内交通运输工具

【办公区管理】

26．每年制订水、电、纸张、公务车辆使用计划

27．节约办公用品，推进无纸化办公

28．及时淘汰高耗能办公设备，设备采购优先选用节能产品

29．推行节水措施，防止供水系统跑、冒、滴、漏

30．通过控制空调温度，利用自然光照明，加强计算机电源管理，采用节能灯具与有效控制，节约生产、办公区用电

主要参考文献

邓爱民，桂橙林，张馨方，等 . 2016. 全域旅游理论·方法·实践 [M]. 北京：中国旅游出版社 .

李金早 . 2016-03-14. 全域旅游大有可为 [N]. 中国旅游报（2）.

李欣 . 2014. 中国夜旅游创新发展研究 [D]. 上海：复旦大学 .

林峰 . 2017. 全域旅游孵化器：自主旅游时代的全域旅游 [M]. 北京：中国旅游出版社 .

厉新建，张凌云，崔莉 . 2013. 全域旅游：建设世界一流旅游目的地的理念创新——以北京为例 [J]. 人文地理，28（3）:130-134.

马勇 . 2019. 旅游接待业 [M]. 武汉：华中科技大学出版社 .

石培华 . 2016-02-03. 如何认识与理解全域旅游 [N]. 中国旅游报（004）.

石培华 . 2016-02-05. 全域旅游是新阶段旅游发展总体战略 [N]. 中国旅游报（004）.

石培华 . 2016-02-22. 多级联动分类推动创建工作 [N]. 中国旅游报（003）.

石培华，冯凌，吴普 . 2010. 旅游业节能减排与低碳发展：政策技术体系与实践工作指南 [M]. 北京：中国旅游出版社 .

汤少忠 . 2015-07-10. "全域旅游"规划实践与思考 [N]. 中国旅游报（A02）.

谢彦君 . 1999. 础旅游学 [M]. 北京：中国旅游出版社 .

严斌 . 2012. 面向智慧旅游信息系统构建的旅游数据整合研究 [D]. 上海：上海师范大学 .

杨振之 . 2016. 全域旅游的内涵及其发展阶段 [J]. 旅游学刊，31（12）:1-3.

张辉，范梦余，王佳莹 . 2019. 中国旅游 40 年治理体系的演变与再认识 [J]. 旅游学刊，34（2）:7-8.

张辉，岳燕祥 . 2016. 全域旅游的理性思考 [J]. 旅游学刊，31（9）:15-17.